개정판

# 미분방정식 입문

노정학·양춘우 지음

Introduction to Differential Equations

Differential Equations

연습문제 풀이 및 해답

KyoWooSa 教友社

# 머리말

21세기 수학의 최대 관심 분야인 카오스이론의 중심을 이루고 있는 미분방정식은 자연과학과 공학은 물론 의학과 기타 분야에서 가장 많이 응용되는 수학의 한 교과목이다.

대부분의 미분방정식을 다루는 책들은 이론과 응용을 함께 다루는 관계로 인하여 방대한 분량으로 되어 있어서 독자들이 처음 접할 때 상당한 거부감을 가지게 되어 있을 뿐만 아니라 강의교재로 활용하는 데에 있어서도 많은 어려움을 겪는 경우가 있다. 따라서 이 책은 이러한 문제점들을 감안하여 물리학이나 전자공학 등에서 활용하는 응용문제들은 배제하고 순전히 이론과 해법 및 예제들을 중심으로 해서 1학기 강의용으로 적절하도록 구성하였다.

이 책은 모두 5장으로 구성되어 있으며, 초기값 문제와 경계값 문제에 대한 해의 존재성이나 유일성과 같은 중요한 정리들을 소개할 때는 증명보다는 그 정리가 갖는 의미와 미분방정식의 해를 구하는 데에 쓰이는 활용방법들을 중심으로 하여 다루었다.

제 1 장에서 미분방정식에 대한 기본적인 개념과 용어 그리고 미분방정식의 유형들을 소개하였다. 제 2 장에서는 1계미분방정식에 대한 여러 가지 유형별 해법을 다루었으며, 제 3 장에서는 2계 이상의 고계 미분방정식을 크게 선형인 경우와 비선형인 경우로 구분해서 유형별로 다양한 해법들을 소개하였다. 제 4 장에서는 수치해석학적인 근사해를 구하는 데에 활용될 수 있는 멱급수 해법을 다루었으며, 특히 마지막 절에서는 선형미분방정식에 대해서 통상특이점에 관한 멱급수해를 구하는 프로베니우스의 방법을 소개하였다. 마지막으로 제 5 장에서는 라플라스 변환과 역변환을 소개하였고 그러한 변환들을 이용하여 초기값 문제의 해를 구하는 방법을 다루었다.

미적분학을 알고 있는 독자라면 누구나 이 책을 이해할 수 있으며 선형대수학에 대한 사전지식을 가지고 있는 독자에게는 이 책이 더욱 쉽게 이해되리라고 여겨진다. 끝으로 이 책이 출판되기까지 여러 가지로 수고해 주신 교우사 사장님을 비롯한 편집부 여러분들께 감사를 드린다.

2006년 8월

저자일동

# 차 례

# 1장

# 미분방정식의 기본개념

이 장에서는 미분방정식이 무엇인가에 대한 기본적인 개념과 관련된 용어와 정의를 소개하고 어떤 미분방정식의 해가 갖는 의미와 실질적으로 응용면에서 해가 표현하는 내용을 설명하려고 한다.

## 1.1 미분방정식의 기본 정의 및 용어

17세기 뉴톤(Newton)과 라이프니쯔(Leibniz) 그리고 다른 여러 학자들에 의하여 해석학의 개념들이 개발되었고 그 후 많은 사람들이 우리 주변에서 일어나는 여러 가지 현상들을 미분방정식을 사용하여 표현하여 왔다. 사실상 미분방정식은 보편적인 수학적 방법으로서 여러 가지 자연법칙들을 정확한 수학적 공식으로 표현하거나 어떤 하나의 함수와 그 함수의 미분(도함수)과의 관계에 의하여 표현되는 여러 가지 현상을 공식화하는데 사용되어 왔다.

우리는 1계 도함수(derivative)를

$$\frac{dy}{dx}, \quad y'(x), \quad y', \quad Dy$$

등으로 표현한다. 여기서 처음 두 기호는 $y$가 종속변수이고 $x$가 독립변수임을 명확히 나타내고 있으나 나머지 두 기호는 독립변수에 대한 어떤 암시도 들어 있지 않다. 후자의 두 경우에는 전후의 문맥을 통하여 의미하는 독립변수가 무엇인지를 알 수 있을 것이다. 2계 도함수를

$$\frac{d^2y}{dx^2},\quad y''(x),\quad y'',\quad D^2y$$

등으로 표기하며

$$\frac{d^ny}{dx^n},\quad y^{(n)}(x),\quad y^{(n)},\quad D^ny$$

등은 $n$계 도함수를 나타내는 기호로 사용한다.

이제 미분방정식에 대한 일반적인 정의를 보자. 처음 접하는 독자에게는 약간 추상적인 것으로 여겨지기는 하지만 나중에 소개되는 여러 가지 정리와 성질들을 위해서는 가장 적절한 형태이다.

**〈정의 1.1〉 미분방정식**

미분방정식이란 미지의 함수들과 그들의 미분(도함수)들을 포함한 방정식을 말한다.

여기에서 미분(도함수)이란 1변수 함수의 경우에는 (차수에 상관없이) 정상적인 미분을 의미하며 다변수 함수인 경우에는 편미분을 의미한다.

미분방정식에 나타난 미지의 함수나 도함수가 단 하나의 독립변수에만 관계될 때 그 미분방정식을 상미분방정식(ordinary differential equation : ODE)이라 한다. 만약 주어진 방정식에 나타난 미지의 함수가 2변수 이상의 함수로서 그들에 대한 미분이 편미분으로 표현되었다면 그러한 방정식을 편미분방정식(partial differential equation : PDE)이라 한다. 예를 들면

$$\frac{d^2y}{dx^2}-3\left(\frac{dy}{dx}\right)^3+2y=\sin 3x \tag{1.1}$$

$$\left(\frac{d^3s}{dt^3}\right)^2+4t^2s^3=e^{5t} \tag{1.2}$$

$$(y-x^2)dx+3xdy=0 \tag{1.3}$$

등과 같은 식들은 상미분방정식이고

$$\frac{\partial^2 u}{\partial t^2}+\left(\frac{\partial u}{\partial s}\right)^3=0 \tag{1.4}$$

$$\frac{\partial v}{\partial x}=\frac{1}{c^2}\left(\frac{\partial^2 u}{\partial t^2}\right)^3 \tag{1.5}$$

등과 같은 식들은 편미분방정식이다.

우리는 상미분방정식을 간단히 **미분방정식**이라 하고 편미분방정식에 대해서는 **편미분방정식**이라 한다.

미분방정식을 그 형태와 계수(order)에 의하여 그리고 선형성(linearity)의 여부에 따라서 구분한다.

미분방정식에서 나타난 미분들 가운데 가장 많은 미분의 횟수를 그 미분방정식의 **계**(order)라 부르며 계를 결정짓는 미분항의 가장 많은 거듭제곱 횟수를 **차**(degree)라 한다. 따라서 식 (1.1)은 2계 1차 방정식이고 식 (1.2)는 3계 2차 방정식이며 식 (1.3)은 1계 1차 방정식이다. 또한 식 (1.4)는 2계 1차 편미분방정식이고 식 (1.5)는 2계 3차 편미분방정식이다.

**[참고]** 이 교재에서는 상미분방정식에 대해서만 논하기로 한다.

**【예제 1】** 다음 미분방정식의 계수와 차수를 말하여라.

(1) $\left(\frac{d^2y}{dx^2}\right)^3=\sqrt{1+\left(\frac{dy}{dx}\right)^4}$

(2) $\sqrt[3]{\left(\frac{d^2y}{dx^2}\right)^2}=\sqrt{1+\left(\frac{dy}{dx}\right)^3}$

**풀이** (1)은 $\left(\frac{d^2y}{dx^2}\right)^6=1+\left(\frac{dy}{dx}\right)^4$ 이므로 2계 6차 미분방정식이고

(2)는 $\left(\dfrac{d^2y}{dx^2}\right)^4=\left(1+\left(\dfrac{dy}{dx}\right)^3\right)^3$ 이므로 2계 4차 미분방정식이다. □

위의 2가지 구별 기준과 더불어서 또 다른 구별 기준은

$$a_0(x),\ a_1(x),\ \cdots,\ a_n(x),\ f(x)$$

가 변수 $x$의 함수일 때

$$a_n(x)\frac{d^ny}{dx^n}+a_{n-1}(x)\frac{d^{n-1}y}{dx^{n-1}}+\cdots+a_1(x)\frac{dy}{dx}+a_0(x)y=f(x) \tag{1.6}$$

형태의 $n$계 미분방정식을 **선형 방정식**(linear equation)이라 하고 선형방정식이 아닌 미분방정식을 **비선형 방정식**(nonlinear equation)이라 한다. 따라서

$$xdy+ydx=\cos xdx \tag{1.7}$$

$$y''-3y'+2y=0 \tag{1.8}$$

$$x^3\frac{d^3y}{dx^3}-x^2\frac{d^2y}{dx^2}+3x\frac{dy}{dx}+5y=e^x \tag{1.9}$$

는 각각 1계, 2계, 3계 선형미분방정식이다. 다른 한편으로

$$\left(\frac{dy}{dx}\right)^2=\frac{2x}{3y} \tag{1.10}$$

$$y''+\sin y=0 \tag{1.11}$$

$$y'''-3x(y'')^3+2y'+y=0 \tag{1.12}$$

는 각각 1계, 2계, 3계 비선형 방정식이다.

**[참고]** 상미분 방정식에서 선형미분방정식은 다음과 같은 두 가지 성질을 만족한다.

1. 방정식에 속한 종속변수 $y$와 그의 도함수에 대한 곱과 거듭제곱이 없다. 즉, 그들의 차수가 모두 1이다.
2. 각 계수함수 $a_k(x)$ $(k=0,\ 1,\ \cdots,\ n)$가 모두 독립변수 $x$만의 함수이다. 따라서 주어진 어떤 미분방정식이 위의 두 가지 성질을 만족할 때는 선형이고 그렇지 않으면 비선형이다.

## 연습문제(1.1)

1. 다음 미분방정식이 상미분방정식인지 편미분방정식인지를 판별하고 각 미분방정식의 계수와 차수를 말하라. 또한 주어진 미분방정식이 상미분 방정식인 경우에는 선형인지 비선형인지를 말하라.

   (1) $\dfrac{dy}{dx}+x^2y=xe^x$ (2) $\dfrac{d^3y}{dx^3}+4\dfrac{d^2y}{dx^2}-5\dfrac{dy}{dx}+3y=\sin x$

   (3) $\dfrac{\partial^2 u}{\partial x^2}+\dfrac{\partial^2 u}{\partial y^2}=0$ (4) $x^2dy+y^2dx=0$

   (5) $\dfrac{d^4y}{dx^4}+3\left(\dfrac{d^2y}{dx^2}\right)^5+5y=0$ (6) $\dfrac{d^2y}{dx^2}+y\cos x=0$

   (7) $y^{(4)}+3(y'')^5-2xy=0$ (8) $\dfrac{\partial^2 u}{\partial x\partial y}+\dfrac{\partial u}{\partial x}+u=0$

   (9) $y^{(6)}+y^{(4)}y''+y=x^3$ (10) $(y')^3=\sqrt{y''+3x^2}$

2. 주어진 미분방정식의 계수가 얼마인지 밝히고 선형인지 비선형인지를 판별하라.

   (1) $(1-x^2)y''-4xy'+5y=\cos x$ (2) $yy'+2x^3y=1+5xy$

   (3) $x^3y^3-6x^2y''+4xy'-21y=0$ (4) $(\cos x)y'''-(\cos x)y'=2$

   (5) $xy'''-(y')^4+y=0$ (6) $x^5y^{(4)}-x^3y''+6y=0$

   (7) $u\,dv+(v+uv-ue^u)du=0$ (8) $(\sin x)y'''-(\cos x)y'=2$

   (9) $xy'''-(y')^3+3x^2y=0$ (10) $(1-y^2)dx+xdy=0$

## 1.2 미분방정식의 해

앞 절에서 언급한 바와 같이 우리의 목적은 미분방정식을 푸는 것, 즉 미분방정식의 해를 구하는 것이다.

**〈정의 2.1〉 미분방정식의 해**

어떤 개구간 $I$에서 정의되어 있는 함수 $y=f(x)$가 주어진 미분방정식에 대입하였을 때 등식을 만족하면 함수 $f(x)$를 구간 $I$에서 주어진 미분방정식의 해(solution)라 한다.

미분방정식이

$$F(x, y, y', \cdots, y^{(n)})=0 \tag{1.13}$$

의 형태로 주어져 있을 때, 함수 $f(x)$가 구간 $I$에서 $n$번 미분가능하고 식

$$F(x, f(x), f'(x), \cdots, f^{(n)}(x))=0 \tag{1.14}$$

를 만족하면 $y=f(x)$를 구간 $I$에서 방정식 (1.13)의 해라 하며, 이와 같이 식 (1.14)의 해 $y=f(x)$를 구하는 과정을 '미분방정식을 푼다'라고 한다.

또한 주어진 미분방정식에 대한 해 $y=f(x)$의 그래프를 그 미분방정식의 **적분곡선**(integral curve) 또는 해곡선(solution curve)이라 한다.

【예제 1】 함수

$$y=3e^x+4e^{-2x}+x^2+x$$

가 구간 $(-\infty, \infty)$에서 미분방정식

$$y''+y'-2y=3-2x^2$$

의 한 해임을 보여라.

풀이 $y=3e^x+4e^{-2x}+x^2+x$로부터

$$y' = 3e^x - 8e^{-2x} + 2x + 1,\ y'' = 3e^x + 16e^{-2x} + 2$$

를 얻는다. 이들을 주어진 방정식에 대입하면 항등식

$$(3e^x + 16e^{-2x} + 2) + (3e^x - 8e^{-2x} + 2x + 1) - 2(3e^x + 4e^{-2x} + x^2 + x) = 3 - 2x^2$$

을 얻게 되어서 주어진 함수가 해가 된다. □

【예제 2】 두 함수 $y=e^x$와 $y=xe^x$가 구간 $(-\infty, \infty)$에서 방정식

$$y'' - 2y' + y = 0$$

의 해임을 보여라.

풀이 $y=e^x$를 두 번 미분하면

$$y' = y'' = e^x$$

이 되어 주어진 미분방정식의 해가 됨을 쉽게 알 수 있다.

다른 한편으로, $y=xe^x$를 연속하여 두 번 미분하면

$$y' = e^x + xe^x,\ y'' = 2e^x + xe^x$$

이다. 이것들을 주어진 미분방정식에 대입하면

$$(xe^x + 2e^x) - 2(e^x + xe^x) + xe^x = 0$$

이 되어 주어진 미분방정식의 해가 됨을 쉽게 알 수 있다. □

[참고] 예제 2에서 주어진 미분방정식에 대하여 상수함수 $y=0$도 구간 $(-\infty, \infty)$에서 해가 됨을 알 수 있다. 이러한 해 $y=0$을 **자명해**(trivial solution)라 하며 자명해가 아닌 해를 **비자명해**(nontrivial solution)라 한다. 따라서 예제 2에서 주어진 함수는 비자명해이다.

【예제 3】 $A$, $B$가 상수일 때, 함수

$$y = A \sin 3x + B \cos 3x$$

는 구간 $(-\infty, \infty)$에서 방정식

$$y''+9y=0$$

의 해임을 보여라.

풀이 $y=A\sin 3x+B\cos 3x$를 두 번 미분하면

$$y''=-9A\sin 3x-9B\cos 3x$$

가 되어 주어진 미분방정식의 해가 됨을 쉽게 알 수 있다. □

【예제 4】 함수 $y=cx^2$는 미분방정식 $xy'=2y$의 해이다. 따라서 $xy'=2y$의 해곡선은 그림 1.2.1과 같이 (0, 0)를 지나는 포물선 $y=cx^2$이다.

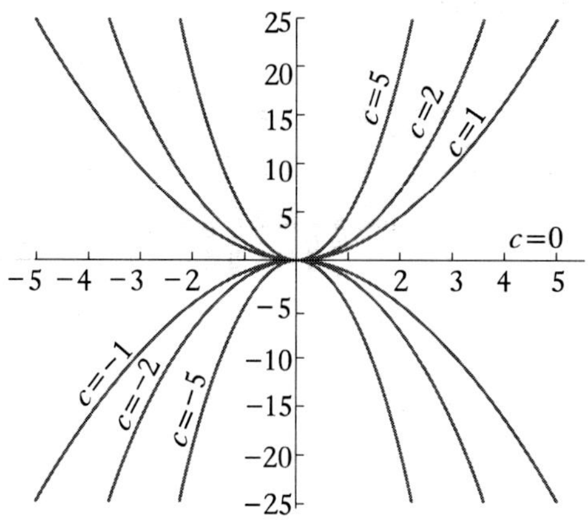


〈그림 1.2.1〉 $xy'=2y$의 해곡선

경우에 따라서는 어떤 미분방정식은 해를 전혀 갖지 않을 수도 있다.

【예제 5】 (1) 1계 미분방정식

$$\left(\frac{dy}{dx}\right)^2+1=0$$

과

$$(y')^2+y^2+4=0$$

은 해를 갖지 않음을 보여라.

(2) 2계 미분방정식

$$(y'')^2+6y^4=0$$

의 해는 단 하나뿐임을 보여라.

풀이 (1) 주어진 방정식들이 해 $y=f(x)$를 갖는다고 하자. 그러면 $y'=f'(x)$도 변수 $x$에 대하여 실수이다. 이것을 제곱하였을 때에는 0보다는 크거나 같은 실수가 되므로

$$(f'(x))^2+1 \geq 1$$

이고

$$(f'(x))^2+f^2(x)+4 \geq 4$$

이므로 해가 될 수 없다.

(2) 주어진 미분방정식은 자명해 $y=0$을 갖는다는 것은 쉽게 알 수 있다. 그외에 다른 비자명한 해를 갖지 않는다는 것은 (a)에서와 같은 논리를 사용하여 보일 수 있다. □

우리는 미분적분학에서 **양함수**(explicit function)와 **음함수**(implicit function)에 대한 개념을 이미 배웠다. 이와 마찬가지로 주어진 미분방정식의 해를 양성해와 음성해로 구분한다. 미분방정식의 해가 $y=f(x)$의 형태로 주어지면 이것을 **양성해**(explicit solution)라 하고 $F(x, y)=0$의 형태로 주어지면 이것을 **음성해**(implicit solution)라 한다.

【예제 6】 $x^2+y^2-4=0$의 양변을 $x$에 관하여 미분하면

$$2x+2y\frac{dy}{dx}=0$$

이므로 구간 $(-2, 2)$에서 관계식 $x^2+y^2-4=0$은 미분방정식

$$\frac{dy}{dx}=-\frac{x}{y}$$

의 음성해이다.

[**참고**] 예제 6에서 관계식 $x^2+y^2-4=0$은 구간 $(-2, 2)$에서 미분가능한 두 개의 양함수

$$y=\sqrt{4-x^2},\ y=-\sqrt{4-x^2}$$

을 얻는다. 다른 한편으로는 $c$가 임의의 상수일 때 관계식 $x^2+y^2=c$가 예제 6에서 주어진 미분방정식의 해가 되는 것처럼 보인다. 그러나 $c$가 0보다 작은 실수일 경우에는 $y$가 복소수 함수가 되므로 해가 될 수 없다.

대부분 주어진 미분방정식은 무한히 많은 해를 갖게 된다는 사실을 깨닫게 될 것이다. 예를 들면 $c$가 임의로 주어진 상수일 때 함수 $y=ce^x$는 미분방정식 $y'-y=0$의 해이다. 따라서 미분방정식 $y'-y=0$은 실수의 갯수 만큼의 무수히 많은 해를 갖게 된다.

【예제 7】 임의의 상수 $c$에 대하여 함수 $y=\dfrac{c}{x}+1$은 구간 $(0, \infty)$에서 1계 선형미분방정식

$$x\frac{dy}{dx}+y=1$$

의 해이다. 왜냐하면 $y=\dfrac{c}{x}+1$을 미분하면 $\dfrac{dy}{dx}=-\dfrac{c}{x^2}$이므로

$$x\frac{dy}{dx}+y=x\left(-\frac{c}{x^2}\right)+\frac{c}{x}+1=1$$

이 성립하기 때문이다.

【예제 8】 $c_1$과 $c_2$가 임의의 상수일 때, 함수 $y=c_1\cos 2x$와 $y=c_2\sin 2x$는 방정식

$$y''+4y=0 \tag{1.15}$$

의 해가 됨을 보여라.

풀이 먼저 $y=c_1\cos 2x$를 두 번 미분하면 $y''=-4c_1\cos 2x$이다. 이를 식 (1.15)에 대입하면

$$y''+4y=-4c_1\cos 2x+4(c_1\cos 2x)=0$$

이므로 함수 $y=c_1\cos 2x$는 주어진 미분방정식의 해가 된다. 같은 방법으로 $y=c_2\sin 2x$도 주어진 미분방정식의 해가 됨을 보일 수 있다. □

【예제 9】 임의의 상수 $c$에 대하여 함수 $y=cx^4$은 1계 선형미분방정식

$$xy'-4y=0$$

의 한 해가 된다. 또한 함수

$$y=\begin{cases}-x^4, & x<0\\ x^4, & x\geq 0\end{cases}$$

도 역시 해가 됨을 알 수 있다. 그러나 후자는 하나의 상수 $c$를 선택하여 $y=cx^4$으로부터 얻어질 수 없는 것임에 유의하라.

미분방정식에 대한 연구는 적분학에 관한 연구와 유사하다. 어떤 주어진 함수를 부정적분하게 되면 그 결과는 하나의 적분상수를 포함하게 되고 두 번 부정적분하게 되면 두 개의 적분상수를 포함하게 된다. 마찬가지로 1계 선형미분방정식

$$F(x,\ y,\ y')=0$$

을 풀면 대부분 하나의 임의의 상수 $c$를 포함한 해 $G(x,\ y,\ c)=0$을 얻게 된다.

실제로 $n$계 미분방정식

$$F(x,\ y,\ y',\ \cdots,\ y^{(n)})=0$$

을 풀면 선형독립인 $n$개의 임의의 상수 $c_1,\ c_2,\ \cdots,\ c_n$을 포함하는

$$G(x,\ y,\ c_1,\ \cdots,\ c_n)=0$$

형태의 해를 얻게 되는 것이 보통이다. 이와 같이 $n$개의 임의의 상수를 포함한 함수

$G(x, y, c_1, \cdots, c_n)=0$이 $n$계 미분방정식 $F(x, y, y', \cdots, y^{(n)})=0$의 해일 때 함수 $G(x, y, c_1, \cdots, c_n)=0$을 미분방정식 $F(x, y, y', \cdots, y^{(n)})=0$에 대한 **일반해**(general solution)라 하고 일반해 $G(x, y, c_1, \cdots, c_n)=0$에 포함된 상수 $c_1, c_2, \cdots, c_n$에 특수한 값을 대입하여 얻어진 해를 **특수해**(particular solution)라 한다. 경우에 따라서는 일반해로부터 얻어질 수 없는 해가 존재하는 경우가 있는데 그러한 해를 **특이해**(singular solution)라 한다.

**[주의]** 위에서 함수 $G(x, y, c_1, \cdots, c_n)=0$에 포함되어 있는 $n$개의 상수 $c_1, c_2, \cdots, c_n$가 선형독립이라는 뜻은 이들 중 어느 두 개 이상을 묶어서 하나로 만들 수 없다는 것을 의미한다. 다시 말하면 함수 $G$안에 포함되어 있는 $n$개의 상수 $c_1, c_2, \cdots, c_n$을 줄여서 $n-1$개 이하의 상수를 포함한 함수로 변형시킬 수 없다는 뜻이 된다.

【예제 10】 $c$가 임의의 상수일 때, 함수 $y=ce^x$는 방정식 $y'-y=0$의 일반해이고 $y=3e^x$는 특수해이다.

【예제 11】 1계 선형 미분방정식 $y'=x\sqrt{y}$의 일반해는

$$y=\left(\frac{x^2}{4}+c\right)^2$$

이다. 여기서 $c=0$으로 택하면 특수해 $y=\frac{x^4}{16}$을 얻는다. 특히 자명해 $y=0$은 특이해가 되는데 이는 일반해로부터 얻어질 수 없는 해이기 때문이다.

【예제 12】 미분방정식 $y=xy'+(y')^2$의 일반해는 $y=cx+c^2$이다.

특히 상수 $k=-\frac{1}{4}$에 대하여 $y=kx^2$은 특이해가 된다.

## 연습문제(1.2)

1. 다음 문제에서 우변에 주어져 있는 함수가 주어진 미분방정식의 해임을 증명하여라.

(1) $y'+y=x+1$, $y=3e^{-x}+x$

(2) $y''-7y'+12y=0$, $y=2e^{4x}-5e^{3x}$

(3) $2y'+y=0$, $y=e^{-\frac{x}{2}}$

(4) $\dfrac{dy}{dx}-2y=e^{3x}$, $y=e^{3x}+10e^{2x}$

(5) $y'=25+y^2$, $y=5\tan 5x$

(6) $y'+y=\sin x$, $y=\dfrac{1}{2}\sin x-\dfrac{1}{2}\cos x+10e^{-x}$

(7) $x^2dy+2xydx=0$, $y=-\dfrac{1}{x^2}$

(8) $y=2xy'+y(y')^2$, $y^2=4(x+1)$

(9) $y'-\dfrac{1}{x}y=1$, $y=x\ln x\ (x>0)$

(10) $y''+y'-12y=0$, $y=c_1e^{3x}+c_2e^{-4x}$ ($c_1$, $c_2$ : 상수)

(11) $y''+25y=0$, $y=c_1\cos 5x+c_2\sin 5x$ ($c_1$, $c_2$ : 상수)

(12) $y''+y=\tan x$, $y=-\cos x\ \ln(\sec x+\tan x)$

2. 다음 문제에서 우변에 주어져 있는 함수쌍이 주어진 미분방정식계의 해임을 증명하여라.

(1) $\begin{cases} \dfrac{dx}{dt}=x+3y \\ \dfrac{dy}{dt}=5x+3y \end{cases}$, $\begin{cases} x=e^{-2t}+3e^{6t} \\ y=-e^{-2t}+5e^{6t} \end{cases}$

(2) $\begin{cases} \dfrac{d^2x}{dt^2}=4y+e^t \\ \dfrac{d^2y}{dt^2}=4x-e^t \end{cases}$, $\begin{cases} x=\cos 2t+\sin 2t+\dfrac{1}{5}e^t \\ y=-\cos 2t-\sin 2t-\dfrac{1}{5}e^t \end{cases}$

## 1.3 초기값 문제와 해의 존재성

흔히 주어진 미분방정식은 해 $y(x)$와 그 미분들에 부여된 조건을 갖고 있는 경우가 있다. $I$가 점 $x_0$을 포함한 하나의 구간이고 $y_0, y_1, y_2, \cdots, y_{n-1}$이 실수인 상수들일 때, 문제

$$\begin{cases} \dfrac{d^n y}{dx^n} = f(x, y, y', \cdots, y^{n-1}) \\ y(x_0) = y_0,\ y'(x_0) = y_1,\ \cdots,\ y^{(n-1)}(x_0) = y_{n-1} \end{cases} \tag{1.16}$$

을 $n$계 초기값문제($n$th-order initial-value problem)라 한다. 한 점 $x_0$에서 미지의 함수 $y(x)$와 도함수 $y', y'', \cdots, y^{(n-1)}$에 주어진 값

$$y(x_0) = y_0,\ y'(x_0) = y_1,\ y''(x_0) = y_2,\ \cdots,\ y^{(n-1)}(x_0) = y_{n-1}$$

을 가리켜서 초기조건(initial conditions)이라 한다.

예를 들면

$$\begin{cases} \dfrac{dy}{dx} = f(x, y) \\ y(x_0) = y_0 \end{cases} \tag{1.17}$$

와

$$\begin{cases} \dfrac{d^2 y}{dx^2} = f(x, y, y') \\ y(x_0) = y_0,\ y'(x_0) = y_1 \end{cases} \tag{1.18}$$

은 각각 1계 초기값문제와 2계 초기값문제이다. 이러한 문제들은 기하학적으로 쉽게 설명이 가능하다. 초기값문제 (1.17)은 평면에서 해곡선이 $(x_0, y_0)$를 통과하고 점 $x_0$를 포함한 적당한 구간 $I$에서 주어진 미분방정식을 만족하는 해를 구하는 문제(그림 1.3.2의 (a)를 참고)이다. 다른 한편으로 최대값문제 (1.18)은 평면에서 해곡선이 $(x_0, y_0)$를 통과하고 점 $x = x_0$에서 해곡선의 기울기가 $y_1$인 해를 $x_0$를 포함한 적당한 구간 $I$에서 찾는 문제(그림 1.3.2의 (b)를 참고)이다.

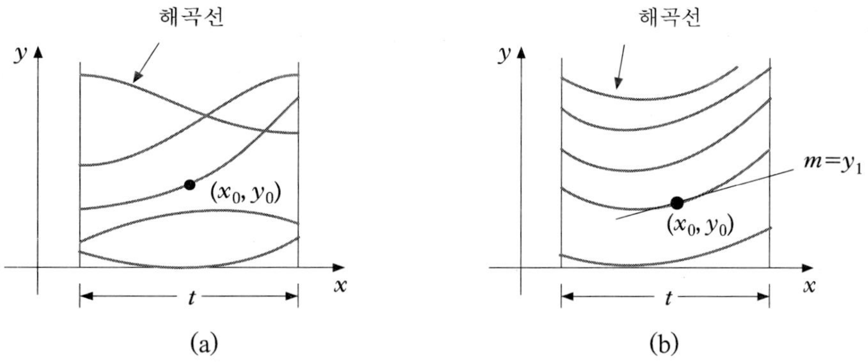


〈그림 1.3.2〉 초기값문제의 해

초기조건이란 용어는 시간변수 $t$에서 어떤 물체의 위치를 $y(t)$로 표현하였을 때 주어진 시점 $t_0$에서 주어진 물체의 위치와 속도를 각각 $y(t_0)=y_0$와 $y'(t_0)=y_1$로 나타내는 물리계에서 비롯되었다.

【예제 1】 하나의 매개변수 $c$를 포함한 함수족 $y=ce^x$은 구간 $(-\infty, \infty)$에서 1계 미분방정식 $y'=y$의 해이다. 여기서 초기조건 $y(0)=3$이라 하면, $x=0$일 때 $y=3$이 되어야 하므로 $3=ce^0=c$이다. 따라서 함수 $y=3e^x$은 초기값문제

$$y'=y,\ y(0)=3$$

의 해이다. 이제 주어진 미분방정식의 해가 평면에서 점 (0, 3)을 통과하는 것이 아니라 점 (1, −2)를 통과한다고 하면 $y(1)=-2$를 만족해야 하므로 $-2=ce$ 또는 $c=-2e^{-1}$이다. 그러므로 함수 $y=-2e^{x-1}$은 초기값문제

$$y'=y,\ y(1)=-2$$

의 해이다.

【예제 2】 $y=-2e^{3x}$이 초기값문제

$$y'=3y,\ y(0)=-2$$

의 해임을 보여라.

풀이 하나의 매개변수 $c$가 포함되어 있는 함수 $y=ce^{3x}$은 미분방정식 $y'=3y$의 일반해가 된다. 여기서 초기조건 $y(0)=-2$를 만족해야 하므로 $x=0$일 때 $y=-2$가 되어야 한다. 따라서

$$-2=y(0)=ce^{0}=c$$

이고 주어진 초기값 문제에 대한 해는 $y=-2e^{3x}$이다. □

【예제 3】 함수 $y=c_1\cos 4x+c_2\sin 4x$는 2계 선형미분방정식 $y''+16y=0$의 해이다. 여기서 초기값문제

$$y''+16y=0,\ y\left(\frac{\pi}{2}\right)=-2,\ y'\left(\frac{\pi}{2}\right)=1 \tag{1.19}$$

의 해를 구하여라.

풀이 먼저 $y\left(\frac{\pi}{2}\right)=-2$이므로 $-2=c_1\cos 2\pi+c_2\sin 2\pi=c_1$이다. 또한 $y'(\pi/2)=1$이고 $y'=-4c_1\sin 4x+4c_2\cos 4x$이므로 $1=-4c_1\sin 2\pi+4c_2\cos 2\pi=4c_2$ 또는 $c_2=\frac{1}{4}$이다. 그러므로 초기값문제 (1.19)의 해는

$$y=-2\cos 4x+\frac{1}{4}\sin 4x$$

이다. □

우리는 초기값문제에 대해서 다음과 같은 두 가지 기본적인 의문점을 갖지 않을 수 없다.

(1) 주어진 문제의 해답은 존재하는가?

(2) 만약 해가 존재한다면, 해는 유일한가?

2장에서 배울 1계 초기값 문제 (1.17)에 대하여

**[해의 존재성]** 미분방정식 $\frac{dy}{dx}=f(x,\ y)$는 해를 갖는가? 주어진 미분방정식의 해들 중에서 해곡선이 점 $(x_0,\ y_0)$를 통과하는 해는 있는가?

**[해의 유일성]** 초기값문제 $\frac{dy}{dx}=f(x,\ y),\ y(x_0)=y_0$의 해가 유일하다는 것을 어떻

게 알 수 있는가?
라는 질문을 하게 된다. 다음 정리가 그 해답을 줄 것이다. 여기서 증명은 복잡하므로 생략하기로 한다.

**정리 1.1 (해의 존재성과 유일성)** $R$이 $xy$-평면에서 $(x_0, y_0)$를 내부의 점으로 갖는 직사각영역(rectangular region)

$$R=\{(x, y)\,|\,a \le x \le b,\ c \le y \le d\}$$

이라 하자. 만약 함수 $f(x, y)$와 편도함수 $\dfrac{\partial f}{\partial y}$가 영역 $R$에서 연속이면 초기값 문제

$$\frac{dy}{dx}=f(x, y),\ y(x_0)=y_0$$

를 만족하는 함수 $y(x)$가 $x_0$를 포함한 적당한 구간 $I$에서 유일하게 존재한다.

일반적으로 $n$계 초기값문제를 풀려면 우선 주어진 $n$계 미분방정식에 대한 해를 $n$개의 매개변수를 포함한 일반해를 구한 다음 주어진 $n$개의 초기조건을 만족하도록 매개변수의 값을 구해야 한다.

2계 이상의 초기값 문제의 해의 존재성과 유일성은 다음 정리에서 보장하지만 그 증명은 생략하기로 한다.

**정리 1.2 (해의 존재성과 유일성)** $I$가 점 $x_0$을 포함한 열린구간(open interval)이라 하자. 함수 $a_n(x)$, $a_{n-1}(x)$, $\cdots$, $a_1(x)$, $a_0(x)$와 $f(x)$가 구간 $I$에서 연속이고 $I$에 있는 모든 점 $x$에 대하여 $a_n(x) \neq 0$이면, 초기값문제 (1.6)은 구간 $I$에서 정의되는 해를 가지며 그 해는 유일하다.

【예제 4】 초기값문제

$$3y''' + 5y'' - y' + 7y=0,\ y(1)=0,\ y'(1)=0,\ y''(1)=0$$

은 $y=0$만을 해로 갖는다. 주어진 미분방정식의 계수가 모두 상수이기 때문에 정리 1.2의 조건을 모두 만족하고 있다. 그러므로 자명해 $y=0$이 $x=1$을 포함한 임의구간 $I$에서 존재하는 유일한 해이다.

【예제 5】 함수 $y=2e^{2x}+e^{-2x}-3x$가 초기값문제

$$y''-4y=12x,\ y(0)=3,\ y'(0)=-1$$

의 해임을 보이자. 주어진 방정식이 선형이고 $g(x)=12x$일뿐만 아니라 모든 계수함수들이 연속이고 $x=0$을 포함한 임의의 구간 $I$에서 $a_2(x)=1\neq 0$이다. 정리 1.2에 의하여, 함수 $y=2e^{2x}+e^{-2x}-3x$가 이 문제의 유일한 해임을 알 수 있다.

정리 1.2에서 각 $i=1,\ 2,\ \cdots,\ n$에 대하여 $a_i(x)$가 구간 $I$에서 연속이고 모든 $x\in I$에 대하여 $a_n(x)\neq 0$이 되어야 한다는 두 조건 모두가 필수적이다. 특히 적당한 점 $x\in I$에 대해서 $a_n(x)=0$인 경우에는 주어진 초기값문제의 해가 유일하지 않을 수 있고 심지어 해가 존재하지 않을 수도 있다. 예를 들면 임의의 상수 $c$에 대하여 함수 $y=cx^2+x+3$이 구간 $(-\infty,\ \infty)$에서 초기값문제

$$x^2y''-2xy'+2y=6,\ y(0)=3,\ y'(0)=1$$

의 해가 됨을 쉽게 알 수 있다. 이 경우에는 주어진 문제의 해가 유일하지 않다는 것이다. 여기서 선두계수 $a_2(x)=x^2$이 $x=0$에서 0이고 초기조건이 점 $x=0$에서 주어져 있다는 사실만을 제외하고는 주어진 문제가 정리 1.2의 모든 조건을 만족하고 있다.

2계 이상의 선형미분방정식에 대한 또 다른 형태의 문제는 종속변수 $y$와 $y$의 도함수들에 대한 조건이 서로 다른 점들에서 주어져 있는 경우이다. 다음과 같은 형태의 문제

$$a_2(x)\frac{d^2y}{dx^2}+a_1(x)\frac{dy}{dx}+a_0(x)y=g(x)$$

$$y(a)=y_0,\ y'(b)=y_1$$

를 가리켜서 **경계값문제**(boundary value problem)라 한다. 여기서 명시된 조건 $y(a)=y_0$

와 $y'(b)=y_1$을 경계조건(boundary conditions)이라 한다.

다음 예제의 해는 두 점 $a$와 $b$를 모두 포함하는 구간 $I$에서 주어진 미분방정식을 만족할 뿐만 아니라 그래프가 점 $(a,\ y_0)$와 $(b,\ y_1)$을 통과하는 함수이다.

2계 미분방정식의 경우에 여러 형태의 경계조건들을 보면, $y_0$와 $y_1$을 임의의 상수라 할 때 다음과 같다.

$$\begin{aligned} y(a)&=y_0, \quad y(b)=y_1 \\ y(a)&=y_0, \quad y'(b)=y_1 \\ y'(a)&=y_0, \quad y(b)=y_1 \\ y'(a)&=y_0, \quad y'(b)=y_1 \end{aligned}$$

이러한 형태의 조건은 일반형의 조건

$$\begin{aligned} \alpha_1 y(a)+\beta_1 y'(b)&=\gamma_1 \\ \alpha_2 y(a)+\beta_2 y'(b)&=\gamma_2 \end{aligned}$$

의 특수한 경우에 해당한다.

다음 예제는 정리 1.2의 조건들을 모두 충족한다 하더라도 경계값문제에 대해서는 다음과 같은 경우를 볼 수 있다는 것을 예시한다.

1. 전혀 해를 갖지 않는 경우
2. 오직 하나의 해만을 갖는 경우
3. 무수히 많은 해를 같는 경우

【예제 6】 미분방정식 $x''+16x=0$의 일반해는

$$x=c_1\cos 4t+c_2\sin 4t \tag{1.20}$$

이다.

(1) 경계조건이 $x(0)=x\left(\dfrac{\pi}{2}\right)=0$이라 하자. 그러면 $0=x(0)=c_1\cos 0+c_2\sin 0=c_1$이므로 $x=c_2\sin 4t$이다. 그런데 $t=\dfrac{\pi}{2}$일 때 모든 상수 $c_2$에 대하여 $0=c_2\sin 2\pi$이다. 그러므로 경계값문제

$$x'' + 16x = 0,\ x(0) = 0,\ x\left(\frac{\pi}{2}\right) = 0 \tag{1.21}$$

은 무한히 많은 해를 갖는다.

(2) 경계값문제가

$$x'' + 16x = 0,\ x(0) = 0,\ x\left(\frac{\pi}{8}\right) = 0 \tag{1.22}$$

인 경우를 보자. $x(0)=0$이므로 해 (1.20)에서 $c_1 = 0$이 된다. 또한 조건 $x\left(\frac{\pi}{8}\right)=0$을 $x = c_2 \sin 4t$에 대입하면 $0 = x\left(\frac{\pi}{8}\right) = c_2 \sin\left(\frac{\pi}{2}\right) = c_2$이다. 그러므로 문제 (1.22)는 $x=0$만을 해로 갖는다.

(3) 경계값문제가

$$x'' + 16x = 0,\ x(0) = 0,\ x\left(\frac{\pi}{2}\right) = 1 \tag{1.23}$$

인 경우에는 어떠한지 알아 보도록 하자. $x(0)=0$이므로 $c_1 = 0$이다. 그런데 $x\left(\frac{\pi}{2}\right)=1$을 $x = c_2 \sin 4t$에 대입하면 $1 = c_2 \sin 2\pi = c_2 \cdot 0 = 0$이 되어 주어진 조건을 만족하는 해는 찾을 수 없다. 따라서 문제 (1.23)은 해를 하나도 갖지 않는다.

## 연습문제(1.3)

1. 다음에서 주어진 미분방정식이 $xy$-평면상에서 초기값 $(x_0,\ y_0)$을 갖는 유일한 해를 가질 수 있는 영역을 구하여라.

(1) $\dfrac{dy}{dx} = y^{\frac{3}{2}}$

(2) $\dfrac{dy}{dx} = \sqrt{xy}$

(3) $x\dfrac{dy}{dx} = y$

(4) $\dfrac{dy}{dx} - y = x$

(5) $(4 - y^2)y' = x^2$

(6) $(1 + y^3)y' = x^2$

(7) $(x^2+y^2)y'=y^2$

(8) $(y-x)y'=y+x$

(9) $\dfrac{dy}{dx}=x^3\cos y$

(10) $\dfrac{dy}{dx}=(x-1)e^{\frac{y}{x-1}}$

2. 다음 초기값 문제가 2개 이상의 해를 갖는지 아닌지를 판별하라.

(1) $y'=3y^{\frac{2}{3}},\ y(0)=0$

(2) $x\dfrac{dy}{dx}=2y,\ y(0)=0$

3. 미분방정식 $y'=\sqrt{y^2-9}$ 가 다음의 주어진 점을 지나는 유일한 해를 갖는지 아닌지를 판별하라.

(1) $(1,\ 4)$

(2) $(5,\ 3)$

(3) $(2,\ 3)$

(4) $(-1,\ 1)$

4. 미분방정식 $y''-y=0$에 대하여 매개변수 함수 $y=c_1e^x+c_2e^{-x}$이 일반해라는 사실을 이용하여 다음의 주어진 초기조건을 갖는 미분방정식 $y''-y=0$의 해를 구하여라.

(1) $y(0)=1,\ y'(0)=2$

(2) $y(1)=0,\ y'(1)=e$

(3) $y(-1)=5,\ y'(-1)=-5$

(4) $y(0)=0,\ y'(0)=0$

# 2장

# 1계 미분방정식

이 장에서는 1계 미분방정식에 대한 해를 구하는 방법을 소개하려고 한다. 1계 미분방정식의 해를 구하는 데 있어서 그 방정식이 어떠한 형태인가에 따라 적절한 방법이 소개되지만 각각의 방법이 모든 방정식에 똑같이 적용되는 것이 아니라 주어진 미분방정식의 종류와 형태에 따라서 해법이 달라지게 된다.

## 2.1 변수분리형 미분방정식

$g(x)$가 연속함수이면 1계 미분방정식

$$\frac{dy}{dx}=g(x) \tag{2.1}$$

의 해를 적분에 의하여 구할 수 있다. 실제로 식 (2.1)의 해는

$$y=\int g(x)dx+c$$

이다.

**〈정의 2.1〉 변수분리형 방정식**

다음과 같은 형태의 미분방정식을 **변수분리형 방정식**(equation of separable variables) 또는 **분리형 방정식**(separable equation)이라 한다.

$$\frac{dy}{dx}=g(x)f(y) \tag{2.2}$$

위에서 정의한 변수분리형 방정식은 다음과 같은 형태로 변환된다.

$$h(y)\frac{dy}{dx}=g(x) \quad (\text{여기서 } h(y)=\frac{1}{f(y)} \text{ 이다}). \tag{2.3}$$

식 (2.3)에서 $h(y)=1$로 선택하면 미분방정식 (2.1)을 얻게 된다. 만약 함수 $y=\phi(x)$가 식 (2.3)의 해라고 한다면 $h(\phi(x))\phi'(x)=g(x)$이므로

$$\int h(\phi(x))\phi'(x)dx=\int g(x)dx \tag{2.4}$$

이다. 그런데 $dy=\phi'(x)dx$이므로 식 (2.4)는

$$\int h(y)dy=\int g(x)dx \quad \text{또는} \quad H(y)=G(x)+c \tag{2.5}$$

이다. 식 (2.5)에서 $H(y)$와 $G(x)$는 각각 $h(y)$와 $g(x)$의 원시함수이다.

**【예제 1】** 미분방정식 $(1+x)dy-ydx=0$의 해를 구하여라.

풀이 주어진 방정식의 양변을 $(1+x)y$로 나누면 식

$$\frac{1}{y}dy-\frac{1}{1+x}dx=0 \quad \text{또는} \quad \frac{1}{y}dy=\frac{1}{1+x}dx$$

를 얻는다. 이 식의 양변을 적분하면

$$\int\frac{1}{y}dy=\int\frac{1}{1+x}dx$$

$$\ln|y|=\ln|1+x|+c_1 \quad (c_1\text{은 임의의 상수})$$

$$\begin{aligned} y &= e^{\ln|1+x|+c_1} \\ &= |1+x|e^{c_1} \\ &= \pm e^{c_1}(1+x) \end{aligned}$$

이다. 여기서 $c=\pm e^{c_1}$으로 놓으면 구하고자 하는 해는 $y=c(1+x)$이다. □

(다른 해법) 위에서 양변의 적분 결과가 모두 로그함수로 나타나므로 임의의 상수를 $c_1$ 대신에 $\ln|c|$로 택하는 것이 바람직하다. 따라서 그 결과는

$$\ln|y|=\ln|1+x|+\ln|c| \quad \text{또는} \quad \ln|y|=\ln|c(1+x)|$$

이므로 구하고자 하는 해는

$$y=c(1+x)$$

임을 알 수 있다.

【예제 2】 다음 미분 방정식의 해를 구하여라.

(1) $ydx+(x-3)dy=0$

(2) $\dfrac{dy}{dx}=-\dfrac{y}{x-3}$

(3) $\dfrac{dx}{dy}=-\dfrac{x-3}{y}$

풀이 세 미분방정식 모두 다음과 같이 쓸 수 있다.

$$\frac{dy}{y}+\frac{dx}{x-3}=0$$

이를 풀면 $\ln y+\ln(x-3)=\ln c$이므로

$$y(x-3)=c$$

이다. 그런데 미분방정식 (2)의 해는 $y(x-3)=c,\ x\neq 3$이고, 미분방정식 (3)의 해는 $y(x-3)=c,\ y\neq 0$이다. 따라서 미분 방정식의 해를 구할 때에는 주어진 미분 방정식의 형태를 생각하여야 한다. □

【예제 3】 초기값 문제 $\frac{dy}{dx}=-\frac{x}{y}$, $y(4)=3$의 해를 구하여라.

풀이 식 $y\,dy=-x\,dx$의 양변을 적분하면

$$\int y\,dy=-\int x\,dx \quad \text{또는} \quad \frac{y^2}{2}=-\frac{x^2}{2}+c_1$$

을 얻는다. 양변에 2를 곱한 다음 상수 $2c_1$을 $c^2$으로 치환하면 해는 원의 방정식

$$x^2+y^2=c^2$$

이다. $x=4$일 때 $y=3$이므로 $c^2=4^2+3^3=25$이고 구하고자 하는 해는

$$x^2+y^2=25$$

이다. □

【예제 4】 다음 방정식의 해를 구하여라.

$$xy^4dx+(y^2+2)e^{-3x}dy=0 \tag{2.6}$$

풀이 양변에 $\frac{e^{3x}}{y^4}$를 곱하면 방정식

$$xe^{3x}dx+(y^{-2}+2y^{-4})dy=0 \tag{2.7}$$

을 얻는다. 식 (2.7)의 양변을 적분하면

$$e^{3x}(3x-1)=\frac{9}{y}+6y^{-3}+c \tag{2.8}$$

이다. 그런데 $y=0$이 미분방정식 (2.6)의 해가 됨에도 불구하고 식 (2.8)로부터 얻을 수는 없다는 점에 유의하기 바란다. □

【예제 5】 다음 초기값 문제의 해를 구하여라.

$$\frac{dy}{dx}=y^2-4, \ y(0)=-2$$

풀이 주어진 방정식을 변수분리형으로 고치면

$$\frac{dy}{y^2-4}=dx \tag{2.9}$$

이다. 좌변을 부분분수 형태로 변형하면

$$\left(-\frac{1}{4}\cdot\frac{1}{y+2}+\frac{1}{4}\cdot\frac{1}{y-2}\right)dy=dx \tag{2.10}$$

이므로 이것을 적분하여

$$-\frac{1}{4}\ln|y+2|+\frac{1}{4}\ln|y-2|=x+c_1 \tag{2.11}$$

를 얻는다. 식 (2.11)의 양변에 4를 곱한 다음 로그함수의 성질을 이용하면

$$\ln\left|\frac{y-2}{y+2}\right|=4x+4c_1 \quad \text{또는} \quad \frac{y-2}{y+2}=ce^{4x}$$

이다. 위에서 상수 $\pm e^{4c_1}$을 $c$로 치환하였다. 위의 마지막 식으로부터

$$y=2\frac{1+ce^{4x}}{1-ce^{4x}} \tag{2.12}$$

을 얻게 되는데 초기조건 $x=0$, $y=-2$를 대입해 보면

$$-2=2\frac{1+c}{1-c}, \quad -1+c=1+c \quad \text{또는} \quad -1=1$$

이 되는 모순에 빠지게 된다. 그런데 방정식

$$\frac{dy}{dx}=(y+2)(y-2)$$

가 두개의 상수함수 $y=-2$와 $y=2$를 모두 해로 갖는다. 그러나 우리는 식 (2.9), (2.10)과 (2.11)에서 $y=-2$와 $y=2$를 해로 갖는다는 사실을 배제한 것이다. 그런데 식 (2.12)에서 $c=0$으로 놓으면 해 $y=2$를 얻을 수는 있다. 반면에 $y=-2$는 식 (2.12)으로부터 얻을 수 없다. 이 문제에서는 초기조건이 $y(0)=-2$이므로 $y=-2$가 유일한 해이다. □

## 연습문제(2.1)

1. 다음 미분방정식의 해를 구하여라.

(1) $\dfrac{dy}{dx}=(x+1)^2$

(2) $dx-x^2dy=0$

(3) $e^x\dfrac{dy}{dx}=2x$

(4) $\dfrac{dy}{dx}+2xy=0$

(5) $\dfrac{dy}{dx}=\dfrac{y+1}{x}$

(6) $\dfrac{dx}{dy}=\dfrac{1+2y^2}{y\sin x}$

(7) $e^xy\dfrac{dy}{dx}=e^{-y}+e^{-2x-y}$

(8) $(1+x^2+y^2+x^2y^2)dy=y^2dx$

(9) $x^2y^2dy=(y+1)dx$

(10) $\dfrac{dy}{dx}=\left(\dfrac{2y+3}{4x+5}\right)^2$

(11) $\dfrac{dQ}{dt}=k(Q-70)$

(12) $\dfrac{dN}{dt}+N=Nte^{t+2}$

(13) $\sin 3x\ dx+2y\cos^3 3x\ dy=0$

(14) $\sec x\ dy=x\cot y\ dx$

(15) $\dfrac{y\,dy}{x\,dx}=(1+x^2)^{-\frac{1}{2}}(1+y^2)^{\frac{1}{2}}$

(16) $2\dfrac{dy}{dx}-\dfrac{1}{y}=\dfrac{2x}{y}$

(17) $\dfrac{dy}{dx}=\dfrac{xy+2y-x-2}{xy-3y+x-3}$

(18) $\sec y\dfrac{dy}{dx}+\sin(x-y)=\sin(x+y)$

(19) $y\sqrt{(4-x^2)}\,dy=\sqrt{y^2+4}\,dx$

(20) $(x+\sqrt{x})\dfrac{dy}{dx}=y+\sqrt{y}$

2. 다음 초기값 문제의 해를 구하여라.

(1) $(1+x^4)dy+x(1+4y^2)dx=0,\ y(1)=0$

(2) $\dfrac{dy}{dx}+xy=y,\ y(1)=3$

(3) $(x^2-1)dy=(y^2-1)dx,\ y(2)=2$

(4) $y'+2y=1,\ y(0)=\dfrac{5}{2}$

3. 미분방정식 $x\dfrac{dy}{dx}=y^2-y$에 대하여, 다음 점을 지나는 해를 구하여라.

(1) (0, ,1)

(2) (0, 0)

(3) $\left(\dfrac{1}{3},\ 1\right)$

## 2.2 완전미분방정식

함수 $z=f(x, y)$가 $xy$-평면상의 직사각영역 $R$에서 연속인 1계 편도함수를 가지면 미분(일반적으로 **전미분**이라 한다)은

$$dz=\frac{\partial f}{\partial x}dx+\frac{\partial f}{\partial y}dy \tag{2.13}$$

이다. 만약 $f(x, y)=c$이라 하면 식 (2.13)에서

$$\frac{\partial f}{\partial x}dx+\frac{\partial f}{\partial y}dy=0 \tag{2.14}$$

이 된다. 즉, 주어진 함수족 $f(x, y)=c$의 전미분을 계산함으로써 1계 미분방정식을 얻을 수 있다. 예를 들면, $x^2-5xy+y^3=c$를 미분(전미분)하면

$$(2x-5y)dx+(-5x+3y^2)dy=0 \quad \text{또는} \quad \frac{dy}{dx}=\frac{5y-2x}{-5x+3y^2}$$

을 얻는다.

이 절에서 우리의 목적은

$$(2x-5y)dx+(-5x+3y^2)dy=0$$

과 같은 미분방정식을 전미분

$$d(x^2-5xy+y^3)=0$$

의 형태로 변형해서 해를 구하는 방법을 소개하려고 한다.

**〈정의 2.2〉 완전미분방정식**

$M(x, y)dx+N(x, y)dy$가 $xy$-평면상의 직사각영역 $R$에서 어떤 함수 $f(x, y)$의 미분(전미분)에 해당할 때 $M(x, y)dx+N(x, y)dy$을 직사각영역 $R$에서 **완전미분**(exact differential)이라 한다. 그리고 $M(x, y)dx+N(x, y)dy$가 완전미분일 때 식

$$M(x, y)dx+N(x, y)dy=0$$

을 **완전미분방정식**(exact differential equation)이라 한다.

【예제 1】 방정식 $x^2y^3dx+x^3y^2dy=0$은 완전미분방정식이다. 왜냐하면

$$d\left(\frac{1}{3}x^3y^3\right)=x^2y^3\,dx+x^3y^2\,dy$$

이기 때문이다.

위의 예제 1에서 $M(x, y)=x^2y^3$이고 $N(x, y)=x^3y^2$이다. 또한 $\partial M/\partial y=3x^2y^2=\partial N/\partial x$임에 유의하라. 정리 2.1은 이와 같은 편미분 등식이 성립하기 위한 조건을 제시한 내용이다.

**정리 2.1 (완전미분의 조건)** 함수 $M(x, y)$와 $N(x, y)$가 직사각영역 $R=\{(x, y)\mid a<x<b,\ c<y<d\}$에서 연속인 1계 편도함수를 갖는다고 하자. 그러면 $M(x, y)dx+N(x, y)dy$가 완전미분일 필요충분조건은

$$\frac{\partial M}{\partial y}=\frac{\partial N}{\partial x} \tag{2.15}$$

이다.

**증명** (필요조건) $M(x, y)dx+N(x, y)dy$가 완전미분이라 하면 어떤 함수 $f(x, y)$가 있어서 영역 $R$ 안에 있는 모든 점$(x, y)$에 대하여

$$M(x, y)dx+N(x, y)dy=\frac{\partial f}{\partial x}dx+\frac{\partial f}{\partial y}dy$$

이다. 따라서

$$M(x, y)=\frac{\partial f}{\partial x} \text{ 이고 } N(x, y)=\frac{\partial f}{\partial y}$$

이다. 위의 식으로부터 등식

$$\frac{\partial M}{\partial y}=\frac{\partial}{\partial y}\left(\frac{\partial f}{\partial x}\right)=\frac{\partial^2 f}{\partial y\partial x}=\frac{\partial}{\partial x}\left(\frac{\partial f}{\partial y}\right)=\frac{\partial N}{\partial x}$$

을 얻는다. 위 등식의 중앙에서 편미분의 순서가 바뀔 수 있는 것은 $M(x, y)$와 $N(x, y)$가 모두 연속인 1차 편도함수를 갖기 때문이다.

(충분조건 : 완전미분방정식의 해법) 주어진 미분방정식

$$M(x,\ y)dx+N(x,\ y)dy=0$$

이 등식 (2.15)를 만족하는지 먼저 조사해 보라. 만약 그렇다고 한다면

$$\frac{\partial f}{\partial x}=M(x,\ y)$$

가 성립하는 함수 $f(x,\ y)$가 존재한다. 여기서 $y$를 상수로 간주하고 $M(x,\ y)$를 $x$에 관해서 적분하면 함수 $f$를 구할 수 있다. 즉

$$f(x,\ y)=\int M(x,\ y)dx+g(y) \tag{2.16}$$

이다. 식 (2.16)에서 $g(y)$는 $y$에 관한 함수이지만 적분상수이다. 이제 $\frac{\partial f}{\partial y}=N(x,\ y)$라는 사실을 이용하여 식 (2.16)을 $y$에 관하여 미분하면 다음과 같다.

$$\frac{\partial f}{\partial y}=\frac{\partial}{\partial y}\int M(x,\ y)dx+g'(y)=N(x,\ y)$$

따라서

$$g'(y)=N(x,\ y)-\frac{\partial}{\partial y}\int M(x,\ y)dx \tag{2.17}$$

이다. 마지막으로 식 (2.17)을 $y$에 관해서 적분하여 $g(y)$를 구한 다음 그 결과를 식 (2.16)에 대입하면 함수 $f(x,\ y)$를 얻게 되며 완전미분방정식

$$M(x,\ y)dx+N(x,\ y)dy=0$$

의 해는 $f(x,\ y)=c$이다. ■

【예제 2】 미분방정식 $2xy\,dx+(x^2-1)dy=0$의 해를 구하여라.

풀이 $M(x,\ y)=2xy$이고 $N(x,\ y)=x^2-1$이므로

$$\frac{\partial M}{\partial y}=2x=\frac{\partial N}{\partial x}$$

이다. 따라서 주어진 방정식은 완전미분방정식이다. 정리 2.1에 의하여

$$\frac{\partial f}{\partial x}=2xy \quad \text{이고} \quad \frac{\partial f}{\partial y}=x^2-1$$

을 만족하는 함수 $f(x, y)$가 존재한다. 위의 첫번째 방정식을 $x$에 관해서 적분하면

$$f(x, y)=x^2y+g(y)$$

를 얻는다. 이것을 $y$에 관해서 편미분하면

$$\frac{\partial f}{\partial y}=x^2+g'(y)=x^2-1=N(x, y)$$

가 된다. 따라서

$$g'(y)=-1 \quad \text{이고} \quad g(y)=-y$$

이다. $g(y)$를 구할 때 적분상수는 필요없다. 그 이유는 주어진 방정식의 해가 $f(x, y)=c$의 형태로 나타나기 때문이다. 결국 주어진 미분방정식의 해는

$$x^2y-y=c$$

가 된다. □

**[주의]** 예제 2의 해가 $f(x, y)=x^2y-y$가 아니라 $f(x, y)=c$형태임에 유의하기 바란다. 이 문제는 변수분리형 해법으로 풀 수도 있다.

**【예제 3】** 미분방정식 $(e^{2y}-y\cos xy)dx+(2xe^{2y}-x\cos xy+2y)dy=0$의 해를 구하여라.

**풀이** $M(x, y)=e^{2y}-y\cos xy$이고 $N(x, y)=2xe^{2y}-x\cos xy+2y$이므로

$$\frac{\partial M}{\partial y}=2e^{2y}+xy\sin xy-\cos xy=\frac{\partial N}{\partial x}$$

이다. 따라서 주어진 방정식은 완전미분방정식이다. 그러므로

$$M(x, y)=\frac{\partial f}{\partial x}, \quad N(x, y)=\frac{\partial f}{\partial y}$$

을 만족하는 함수 $f(x, y)$가 존재한다. 우리는 이 문제의 해를 예제 2와는 다른 방법으로 구하여 보자. 먼저 $\frac{\partial f}{\partial y}=N(x, y)$이라는 가정으로부터 시작하자. 즉

$$\frac{\partial f}{\partial y} = 2xe^{2y} - x\cos xy + 2y$$

$$f(x, y) = 2x\int e^{2y}dy - x\int \cos xydy + 2\int y\,dy$$

위의 식에서 적분은 변수 $y$에 관한 적분이므로 $x$는 상수로 취급하여 $x$를 적분기호 앞으로 놓을 수 있다는 점에 유의하자. 결국은

$$f(x, y) = xe^{2y} - \sin xy + y^2 + h(x)$$

$$\frac{\partial f}{\partial x} = e^{2y} - y\cos xy + h'(x) = e^{2y} - y\cos xy (= M(x, y))$$

이고 $h'(x) = 0$ 즉, $h(x) = 0$이다. 그러므로 주어진 방정식의 일반해는

$$xe^{2y} - \sin xy + y^2 = c$$

이다. □

【예제 4】 미분방정식 $(3x^2 + 2y\sin 2x)dx + (2\sin^2 x + 3y^2)dy = 0$의 해를 구하여라.

풀이 $M(x, y) = 3x^2 + 2y\sin 2x$이고 $N(x, y) = 2\sin^2 x + 3y^2$이라 하면

$$\frac{\partial M}{\partial y} = 2\sin 2x = \frac{\partial N}{\partial x}$$

이고 $M(x, y)$와 $N(x, y)$는 모든 점에서 연속이므로 주어진 미분방정식은 완전미분방정식이다. 그러므로

$$M(x, y) = \frac{\partial f}{\partial x}, \quad N(x, y) = \frac{\partial f}{\partial y}$$

를 만족하는 함수 $f(x, y)$가 존재한다. 먼저 $\frac{\partial f}{\partial y} = N(x, y)$라는 가정으로부터

$$\frac{\partial f}{\partial y} = 2\sin^2 x + 3y^2$$

$$f(x, y) = 2y\sin^2 x + y^3 + h(x)$$

이다. 따라서

$$\frac{\partial f}{\partial x} = 4y\sin x\cos x + h'(x) = 2y\sin 2x + h'(x) (= M(x, y))$$

이므로 $h'(x)=3x^2$, 즉 $h(x)=x^3$이다. 그러므로 주어진 방정식의 일반해는

$$2y\sin^2 x+y^3+x^3=c$$

이다. □

【예제 5】 다음 초기값 문제의 해를 구하여라.

$$(\cos x\sin x-xy^2)dx+y(1-x^2)dy=0,\quad y(0)=2$$

풀이 주어진 방정식은 완전미분방정식이다. 왜냐하면 $M(x, y)=\cos x\sin x-xy^2$이고 $N(x, y)=y(1-x^2)$일 때

$$\frac{\partial M}{\partial y}=-2xy=\frac{\partial N}{\partial x}$$

이기 때문이다. 여기서

$$\frac{\partial f}{\partial y}=y(1-x^2)$$

$$f(x, y)=\frac{y^2}{2}(1-x^2)+h(x)$$

$$\frac{\partial f}{\partial x}=-xy^2+h'(x)=\cos x\sin x-xy^2$$

이다. 위의 식에서 $h'(x)=\cos x\sin x$이므로

$$h(x)=-\int\cos x(-\sin x)dx=-\frac{1}{2}\cos^2 x$$

이다. 따라서 주어진 방정식의 일반해는

$$\frac{y^2}{2}(1-x^2)-\frac{1}{2}\cos^2 x=c_1 \quad \text{또는} \quad y^2(1-x^2)-\cos^2 x=c$$

이다. 여기서 $c=2c_1$이다. 초기조건 $y(0)=2$를 만족해야 하므로

$$c=2^2(1-0^2)-\cos^2 0=3$$

이다. 그러므로 구하고자 하는 해는

$$y^2(1-x^2)-\cos^2 x=3$$

이다. □

[참고] 주어진 방정식이 완전미분방정식인지 아닌지를 알기 위해서는 먼저 미분방정식을

$$M(x,\ y)dx+N(x,\ y)dy=0$$

의 형태로 변형해야 한다. 때로는 미분방정식이

$$G(x,\ y)dx=H(x,\ y)dy$$

의 형태로 주어지는 경우가 있다. 이러한 경우에는 우선

$$G(x,\ y)dx-H(x,\ y)dy=0$$

로 변형하여

$$M(x,\ y)=G(x,\ y),\ N(x,\ y)=-H(x,\ y)$$

로 놓아야 한다.

## 연습문제(2.2)

1. 다음 방정식이 완전미분방정식인지 아닌지를 판별하고, 완전미분방정식이면 해를 구하여라.

(1) $(2x+y)dx-(x+6y)dy=0$

(2) $(\sin y-y\sin x)dx+(\cos x+x\cos y-y)dy=0$

(3) $\left(2y-\dfrac{1}{x}+\cos 3x\right)\dfrac{dy}{dx}+\dfrac{y}{x^2}-4x^3+3y\sin 3x=0$

(4) $\left(1+\ln x+\dfrac{y}{x}\right)dx=(1-\ln x)dy$

(5) $(x^3+y^3)dx+3xy^2\ dy=0$

(6) $\dfrac{2x}{y}dx - \dfrac{x^2}{y^2}dy = 0$

(7) $(3x^2y + e^y)dx + (x^3 + xe^y - 2y)dy = 0$

(8) $(e^y + 2xy\cosh x)y' + xy^2\sinh x + y^2\cosh x = 0$

(9) $(5y - 2x)y' - 2y = 0$

(10) $(3x\cos 3x + \sin 3x - 3)dx + (2y + 5)dy = 0$

(11) $(2y\sin x\cos x - y + 2y^2e^{xy^2})dx = (x - \sin^2 x - 4xye^{xy^2})dy$

(12) $\left(\dfrac{1}{x} + \dfrac{1}{x^2} - \dfrac{y}{x^2+y^2}\right)dx + \left(ye^y + \dfrac{x}{x^2+y^2}\right)dy = 0$

2. 다음 초기값 문제를 풀어라.

(1) $(e^x + y)dx + (2 + x + ye^y)dy = 0,\ y(0) = 1$

(2) $\left(\dfrac{3y^2 - x^2}{y^5}\right)\dfrac{dy}{dx} + \dfrac{x}{2y^4} = 0,\ y(1) = 1$

(3) $\left(\dfrac{1}{1+y^2} + \cos x - 2xy\right)\dfrac{dy}{dx} = y(y + \sin x),\ y(0) = 1$

(4) $(y^2\cos x - 3x^2y - 2x)dx + (2y\sin x - x^3 + \ln y)dy = 0,\ y(0) = e$

3. 주어진 미분방정식이 완전미분방정식이 되도록 상수 $k$의 값을 구하여라.

(1) $(y^3 + kxy^4 - 2x)dx + (3xy^2 + 20x^2y^3)dy = 0$

(2) $(2x - y\sin xy + ky^4)dx - (20xy^3 + x\sin xy)dy = 0$

(3) $(2xy^2 + ye^x)dx + (2x^2y + ke^x - 1)dy = 0$

(4) $(6xy^3 + \cos y)dx + (kx^2y^2 - x\sin y)dy = 0$

4. 다음 방정식이 완전미분방정식이 되도록 함수 $M(x, y)$를 정하여라.

$$M(x, y)dx + \left(xe^{xy} + 2xy + \frac{1}{x}\right)dy = 0$$

5. 다음 방정식이 완전미분방정식이 되도록 함수 $N(x, y)$를 정하여라.

$$\left(\frac{\sqrt{y}}{\sqrt{x}} + \frac{x}{x^2+y}\right)dx + N(x, y)dy = 0$$

## 2.3 적분인자

주어진 미분방정식에 어떤 함수를 곱하여 완전미분방정식으로 변형될 때 곱한 함수를 적분인자(integrating factor)라 한다. 많은 미분방정식의 적분인자는 이미 알고 있는 도함수의 특징적인 모양을 보고 알 수 있다. 예를 들면

$$d\left(\frac{y}{x}\right)=\frac{xdy-ydx}{x^2}$$

으로부터 미분방정식

$$xdy-ydx+f(x)dx=0$$

의 적분인자는 $\frac{1}{x^2}$임을 알 수 있다. 따라서

$$\frac{xdy-ydx}{x^2}+\frac{f(x)dx}{x^2}=0$$

은 완전미분방정식이고 그의 해는

$$\frac{y}{x}+\int\frac{f(x)}{x^2}dx=c$$

이다. 같은 방법으로 $\frac{1}{y^2}$는 $xdy-ydx+f(y)dy=0$의 적분인자이고 그의 해는

$$-\frac{x}{y}+\int\frac{f(y)}{y^2}dy=c$$

이다.

【예제 1】 다음 미분방정식의 해를 구하여라.

(1) $ydx-xdy=3x^4dx$

(2) $xdy+ydx=3x^2dx$

(3) $xdy-ydx=x^2y^3dx$

풀이 (1) 적분인자 $\frac{1}{x^2}$을 양변에 곱하면

$$\frac{xdy-ydx}{x^2}=-3x^2dx$$

이므로 $d\left(\frac{y}{x}\right)=-3x^2dx$가 되어 구하고자 하는 해는

$$\frac{y}{x}=-x^3+c$$

이다.

(2) 적분인자 1을 양변에 곱하면 $d(xy)=3x^2dx$가 되어 구하고자 하는 해는

$$xy=x^3+c$$

이다.

(3) 적분인자 $\frac{x}{y^3}$을 양변에 곱하여 주어진 미분방정식을 다음과 같이 변형하자.

$$\frac{x}{y}\,\frac{xdy-ydx}{y^2}=x^3dx$$

$$-\int\frac{x}{y}d\left(\frac{x}{y}\right)=\int x^3dx$$

이므로 구하고자 하는 해는

$$-2\left(\frac{x}{y}\right)^2=x^4+c$$

이다. □

임의의 $p,\ q\in\mathbb{R}-\{0\}$에 대해서,

$$d(x^py^q)=px^{p-1}y^qdx+qx^py^{q-1}dy=x^{p-1}y^{q-1}(py\,dx+qx\,dy)$$

이므로 $py\,dx+qx\,dy$의 적분인자는 $x^{p-1}y^{q-1}$이다. 예를 들면, $2y\,dx+3x\,dy$의 적분인자는 $xy^2$이고 $3y\,dx-5x\,dy$ 적분인자는 $x^2y^{-6}$이다.

$M(x, y)dx+N(x, y)dy$ 형태의 미분방정식에 대한 적분인자와 치환은 다음 표 2.1 과 같다.

**표 2.1** $M(x, y)dx+N(x, y)dy$에 대한 적분인자

| $M\,dx+N\,dy$ | 적분인자 | 치환함수 |
|---|---|---|
| $py\,dx+qx\,dy$ | $x^{p-1}y^{q-1}$ | $z=x^p y^q$ |
| $y\,dx-x\,dy$ | $\begin{cases} \frac{1}{x^2},\ \frac{1}{y^2},\ \frac{1}{xy} \\ \frac{1}{ax^2+bxy+cy^2} \end{cases}$ | $z=\frac{y}{x},\ \frac{x}{y},\ \cdots$ |
| $y\,dx+x\,dy$ | 1 | $z=xy$ |
| $px\,dx+qy\,dy$ | 1 | $z=px^2+qy^2$ |
| $dy+yP(x)dx$ | $e^{\int p(x)dx}$ | $z=y^{\int Pdx}$ |

여기서 $z=ye^{\int P(x)dx}$이라 하자. 그러면

$$dz=e^{\int P(x)dx}dy+ye^{\int P(x)dx}d\left(\int P(x)dx\right)=e^{\int P(x)dx}[dy+yP(x)dx]$$

이므로 $dy+yP(x)dx$ 형태의 미분방정식의 적분인자는 $e^{\int P(x)dx}$로 볼 수 있다.

예를 들면, 미분방정식

$$\frac{dy}{dx}+\frac{y}{x}=3x+2$$

를 풀기 위하여 적분인자

$$e^{\int \frac{1}{x}dx}=e^{\ln x}=x$$

를 양변에 곱하면

$$d(xy)=\int(3x^2+2x)dx$$

이므로, 해는

$$xy = x^3 + x^2 + c$$

가 된다.

【예제 2】 미분방정식 $4ydx + xdy = xy^2dx$의 해를 구하여라.

풀이 $4ydx + xdy$에서 $p=4$, $q=1$이므로

$$z = x^4y,\ y = zx^{-4},\ dy = x^{-4}dz - 4x^{-5}zdx$$

이고 이것을 주어진 미분방정식에 대입하면

$$4zx^{-4}dx + x(x^{-4}dz - 4x^{-5}zdx) = xz^2x^{-8}dx$$

이며, 이를 정리하면 $z^{-2}dz = x^{-4}dx$이므로 $3z^{-1} = x^{-3} + c$이다. 따라서 구하고자 하는 해는

$$3 = (x + cx^4)y$$

이다. □

미분방정식 $M(x, y)dx + N(x, y)dy = 0$의 적분인자를 구하는 방법을 제시한 다음 정리의 증명은 연습문제 4로 독자에게 남긴다.

**정리 2.2** 함수 $\mu(x, y)$가 미분방정식 $M(x, y)dx + N(x, y)dy = 0$의 적분인자라 할 때, $\mu$가 $x$만의 함수이거나 $y$만의 함수라고 간주하면

$$\frac{dx}{N} = \frac{dy}{-M} = \frac{d\mu}{\mu\left(\dfrac{\partial M}{\partial y} - \dfrac{\partial N}{\partial x}\right)} \tag{2.18}$$

가 성립한다. 또한 식 (2.18)이 성립하면 미분방정식 $M(x, y)dx + N(x, y)dy = 0$의 적분인자는 다음과 같다.

(1) $\dfrac{\dfrac{\partial M}{\partial y} - \dfrac{\partial N}{\partial x}}{N} = f(x)$이면 $\mu(x) = e^{\int f(x)dx}$이다.

(2) $\dfrac{\dfrac{\partial M}{\partial y}-\dfrac{\partial N}{\partial x}}{M}=f(y)$이면 $\mu(y)=e^{\int -f(y)dy}$이다.

【예제 3】 미분방정식 $xydx+(2x^2+3y^2-20)dy=0$의 해를 구하여라.

풀이 주어진 미분방정식은 완전미분방정식이 아니다. 그러나

$$M(x,\ y)=xy,\ N(x,\ y)=2x^2+3y^2-20$$

이라 하면

$$\frac{\dfrac{\partial M}{\partial y}-\dfrac{\partial N}{\partial x}}{M}=\frac{x-4x}{xy}=-\frac{3}{y}$$

이므로 $y$만의 함수가 된다. 그러므로 적분인자는 $\mu(y)=e^{\int \frac{3}{y}dy}=e^{3\ln y}=y^3$이고 이것을 주어진 미분방정식에 곱하면

$$xy^4dx+(2x^2y^3+3y^5-20y^3)dy=0$$

이다. 따라서 구하고자 하는 해는

$$\frac{1}{2}x^2y^4+\frac{1}{2}y^6-5y^4=c$$

이다. □

## 연습문제(2.3)

1. 완전미분방정식이 아닌 미분방정식 $M(x, y)dx+N(x, y)dy=0$의 양변에 적당한 적분인자 $\mu(x, y)$를 곱하여 주어진 방정식을 완전미분방정식으로 변환시킬 수 있다. 다음 주어진 미분방정식을 주어진 적분인자 $\mu(x, y)$를 이용하여 풀어라.
   (1) $6xy\ dx+(4y+9x^2)dy=0,\ \mu(x, y)=y^2$
   (2) $-y^2dx+(x^2+xy)dy=0,\ \mu(x, y)=\dfrac{1}{x^2y}$
   (3) $(-xy\sin x+2y\cos x)dx+2x\cos xdy=0,\ \mu(x, y)=xy$
   (4) $y(x+y+1)dx+(x+2y)dy=0,\ \mu(x, y)=e^x$
   (5) $(2y^2+3x)dx+2xy\ dy=0,\ \mu(x, y)=x$
   (6) $(y^2+2xy-x^2)dy+(x^2+2xy-y^2)dx=0,\ \mu(x, y)=(x+y)^{-2}$

2. 미분방정식 $(4x+3y^2)dx+2xydy=0$에 대해서 다음에 답하여라.
   (a) 이 방정식이 완전미분방정식이 아님을 보여라.
   (b) 이 방정식에 대한 적분인자를 $x^n$($n$ : 자연수)의 형태로 구하여라.
   (c) (b)에서 구한 적분인자를 곱하여 주어진 방정식을 풀어라.

3. 미분방정식

$$[y+xf(x^2+y^2)]dx+[yf(x^2+y^2)-x]dy=0$$

   에 대해서 다음에 답하여라.
   (a) 이 방정식이 완전미분방정식이 아님을 보여라.
   (b) 함수 $\dfrac{1}{x^2+y^2}$이 적분인자임을 보여라.
   (c) 적분인자를 이용하여 다음 방정식의 일반해를 구하여라.

$$[y+x(x^2+y^2)^2]dx+[y(x^2+y^2)^2-x]dy=0$$

4. 정리 2.2를 증명하여라.

## 2.4 동차형 미분방정식

〈정의 2.3〉 동차형 방정식

함수 $f(x, y)$가 적당한 실수 $\alpha$에 대하여

$$f(tx, ty)=t^{\alpha}f(x, y)$$

인 관계를 만족할 때 $f$를 가리켜서 $\alpha$차의 **동차형 함수**(homogeneous function)라 한다. 그리고 $M(x, y)$와 $N(x, y)$가 같은 차의 동차형 함수일 때, 즉 적당한 실수 $\alpha$가 있어서

$$M(tx, ty)=t^{\alpha}M(x, y) \quad \text{이고} \quad N(tx, ty)=t^{\alpha}N(x, y)$$

일 때 1계 미분방정식

$$M(x, y)dx+N(x, y)dy=0$$

을 가리켜서 **동차형 미분방정식**(homogeneous differential equation)이라 한다.

함수 $f(x, y)=x^3+y^3$은 3차의 동차형 함수이다. 왜냐하면

$$f(tx, ty)=(tx)^3+(ty)^3=t^3(x^3+y^3)=t^3f(x, y)$$

이기 때문이다.

$M(x, y)$와 $N(x, y)$가 모두 $\alpha$차의 동차형 함수이면

$$M(x, y)=x^{\alpha}M\left(1, \frac{y}{x}\right) \quad \text{이고} \quad N(x, y)=x^{\alpha}N\left(1, \frac{y}{x}\right) \tag{2.19}$$

또는

$$M(x, y)=y^{\alpha}M\left(\frac{x}{y}, 1\right) \quad \text{이고} \quad N(x, y)=y^{\alpha}N\left(\frac{x}{y}, 1\right) \tag{2.20}$$

임을 알 수 있다. 식 (2.19)에서 $u=\dfrac{y}{x}$로 치환하면 $y=ux$이고 동차형 방정식

$$M(x, y)dx+N(x, y)dy=0$$

은

$$x^{\alpha}M(1, u)dx+x^{\alpha}N(1, u)dy=0 \quad \text{또는} \quad M(1, u)dx+N(1, u)dy=0$$

이다. 여기에 미분 $dy=udx+xdu$를 대입하면

$$M(1, u)+N(1, u)[udx+xdx]=0$$
$$[M(1, u)+uN(1, u)]dx+xN(1, u)du=0$$

또는

$$\frac{1}{x}dx+\frac{N(1, u)}{M(1, u)+uN(1, u)}du=0$$

이므로 변수분리형 방정식으로 변환된다.

같은 방법으로 식 (2.20)에서 $v=\dfrac{x}{y}$로 치환하면 $x=vy$이고 동차형 방정식

$$M(x, y)dx+N(x, y)dy=0$$

은

$$y^{\alpha}M(v, 1)dx+y^{\alpha}N(v, 1)dy=0 \quad \text{또는} \quad M(v, 1)dx+N(v, 1)dy=0$$

이다. 여기에 미분 $dx=vdy+ydv$를 대입하면

$$M(v, 1)[vdy+ydv]+N(v, 1)dy=0$$
$$[vM(v, 1)+N(v, 1)]dy+yM(v, 1)dv=0$$

또는

$$\frac{1}{y}dy+\frac{M(v, 1)}{vM(v, 1)+N(v, 1)}dv=0$$

이므로 변수분리형 미분방정식으로 변환된다.

【예제 4】 미분방정식 $(x^2+y^2)dx+(x^2-xy)dy=0$의 해를 구하여라.

풀이 함수 $M(x,\ y)=x^2+y^2$와 $N(x,\ y)=x^2-xy$는 모두 2차의 동차형 함수이다. 여기서 $y=ux$로 치환하면 $dy=udx+xdu$이므로 주어진 방정식은

$$\begin{aligned}(x^2+u^2x^2)dx+(x^2-ux^2)(udx+xdu)&=0\\ x^2(1+u)dx+x^3(1-u)du&=0\\ \frac{1-u}{1+u}du+\frac{1}{x}dx&=0\\ \left(\frac{2}{1+u}-1\right)du+\frac{1}{x}dx&=0\end{aligned}$$

이다. 위의 식을 적분하면

$$\begin{aligned}2\ln|1+u|-u+\ln|x|&=c_1\ (c_1:\ \text{임의의 상수})\\ \ln|x(1+u)^2|&=u+c_1\\ x(1+u)^2&=\pm e^{c_1}\cdot e^u\end{aligned}$$

이다. 여기서 $u=\dfrac{y}{x}$를 대입하고 $c=\pm e^{c_1}$으로 놓으면 구하고자 하는 해는

$$x\left(1+\frac{y}{x}\right)^2=ce^{\frac{y}{x}} \quad \text{또는} \quad (x+y)^2=cxe^{\frac{y}{x}}$$

이다. □

【예제 5】 다음 초기값 문제의 해를 구하여라.

$$(2xy+y^2)dx-2x^2dy=0,\ y(e)=e$$

풀이 함수 $M(x,\ y)=2xy+y^2$와 $N(x,\ y)=-2x^2$은 모두 2차의 동차형 함수이다. 여기서 $y=ux$로 치환하면 $dy=udx+xdu$이므로 주어진 방정식은

$$\begin{aligned}(2ux^2+u^2x^2)dx-2x^2(udx+xdu)&=0\\ u^2x^2dx-2x^3du&=0\\ \frac{dx}{x}-\frac{2du}{u^2}&=0\end{aligned}$$

이다. 위의 식을 적분하면

$$\ln x + \frac{2}{u} = c$$

이다. 여기서 $u = \frac{y}{x}$를 대입하면

$$y \ln x + 2x = cy$$

이다. $x = e$일 때 $y = e$이므로 $c = 3$이다. 따라서 구하고자 하는 해는

$$y \ln x + 2x = 3y$$

이다. □

## 연습문제(2.4)

1. 다음 함수가 동차형임을 증명하여라.

(1) $3x^2 + 5xy - 11y^2$ (2) $2x^3 + 6y^3 - xy^2$

(3) $2x^n + 7x^{n-m}y^m + 5y^n$ (4) $5x^2 \sin\frac{y}{x} + 3y^2 \cos\frac{x}{y}$

2. 다음 미분방정식이 동차형임을 밝히고 그 해를 구하여라.

(1) $(2x-3y)dx + (3x+2y)dy = 0$ (2) $(5x-2y)dx + 7x\,dy = 0$

(3) $27y\,dx + (x+3y)dy = 0$ (4) $(5y^2 - 3x^2)dx + 11xy\,dy = 0$

(5) $xy^2 dy + (2x^3 - 3y^3)dx = 0$

3. 미분방정식 $\frac{dy}{dx} = f\left(\frac{ax+by}{cx+dy}\right)$가 동차형임을 보여라.

## 2.5 치환법

많은 미분방정식의 문제들은 다음의 예제처럼 **단순치환**(simple substition)으로 변수분리형 미분방정식으로 바꾸어 풀 수 있다.

【예제 1】 다음 미분방정식의 해를 구하여라.

$$(x+y)dx+(x+y-2)dy=0$$

풀이 $z=x+y$로 치환하면 $dz=dx+dy$이므로

$$dy=dz-dx,\ y=z-x$$

를 주어진 미분방정식에 대입하자. 그러면

$$zdx+(z-2)(dz-dx)=0$$

즉

$$2dx+(z-2)dz=0$$

가 되어 변수분리형 미분방정식이다. 이를 풀면

$$2x+\frac{z^2}{2}-2z=\frac{c}{2}$$

$$4x+z^2-4z=c$$

이다. 마지막 식에 $z=x+y$를 대입하면 구하고자 하는 해는

$$4x+(x+y)^2-4(x+y)=c$$

이다. □

【예제 2】 다음 미분방정식의 해를 구하여라.

$$x(x+y)(dx+dy)=\frac{y}{x}(xdy-ydx)$$

풀이 $z=x+y,\ w=\dfrac{y}{x}$로 치환하자.

$$dz = dx + dy,\ dw = \frac{xdy - ydx}{x^2},\ x = \frac{z}{1+w}$$

이므로 이를 주어진 미분방정식에 대입하면

$$zxdz = x^2 wdw$$

되어 변수분리형 미분방정식이다. 이를 풀면

$$z = w - \ln(1+w) + c$$

이므로 구하고자 하는 해는

$$x + y = \frac{y}{x} - \ln\left(1 + \frac{y}{x}\right) + c$$

이다. □

미분방정식

$$\frac{dy}{dx} = f(Ax + By + C)\ (A,\ B \neq 0,\ C : \text{상수}) \tag{2.21}$$

은 $u = Ax + By + C$로 치환하여 변수분리형으로 변환해서 풀 수 있음을 다음 예제를 통하여 알 수 있다.

【예제 3】 초기값 문제

$$\frac{dy}{dx} = (-2x + y)^2,\ y(0) = 0$$

의 해를 구하여라.

풀이 먼저 $u = -2x + y$로 놓으면 $\frac{du}{dx} = -2 + \frac{dy}{dx}$ 이므로 주어진 방정식은

$$\frac{du}{dx} + 2 = u^2 \quad \text{또는} \quad \frac{du}{dx} = u^2 - 2$$

로 변환된다. 위의 식은 변수분리형으로서

$$\frac{1}{u^2-2}du=dx \quad 또는 \quad \frac{1}{2\sqrt{2}}\left(\frac{1}{u-\sqrt{2}}-\frac{1}{u+\sqrt{2}}\right)du=dx$$

이다. 이 식의 양변을 적분하면

$$\frac{1}{2\sqrt{2}}\ln\left|\frac{u-\sqrt{2}}{u+\sqrt{2}}\right|=x+c_1 \quad 또는$$

$$\frac{u-\sqrt{2}}{u+\sqrt{2}}\pm e^{2\sqrt{2}c_1}e^{2\sqrt{2}x}=ce^{2\sqrt{2}x} \ (c=\pm e^{2\sqrt{2}c_1})$$

이다. 이 식을 $u=-2x+y$에 관하여 풀면

$$u=\frac{\sqrt{2}(1+ce^{2\sqrt{2}x})}{1-ce^{2\sqrt{2}x}} \quad 또는 \quad y=2x+\frac{\sqrt{2}(1+ce^{2\sqrt{2}x})}{1-ce^{2\sqrt{2}x}} \tag{2.22}$$

이다. 여기에 초기조건 $y(0)=0$을 대입하면 $c=-1$이 된다. 그러므로 주어진 초기값문제의 해는

$$y=2x+\frac{\sqrt{2}(1-e^{2\sqrt{2}x})}{1+e^{2\sqrt{2}x}}$$

이다. □

다음과 같은 미분방정식의 해를 구하여 보자.

$$(ax+by+c)dx+(\alpha x+\beta y+\gamma)dy=0 \tag{2.23}$$

두 직선

$$ax+by+c=0, \ \alpha x+\beta y+\gamma=0 \tag{2.24}$$

은 그림 2.5.1과 같이 점 $(h, k)$에서 만난다고 하면

$$ah+bk+c=0, \ \alpha h+\beta k+\gamma=0 \tag{2.25}$$

이다.

$$x=x'+h, \ y=y'+k \tag{2.26}$$

이라 하면 점 $(h, k)$는 새로운 $X'Y'$-좌표축에서 원점이 된다. 식 (2.26)을 식 (2.23)에 대입하면

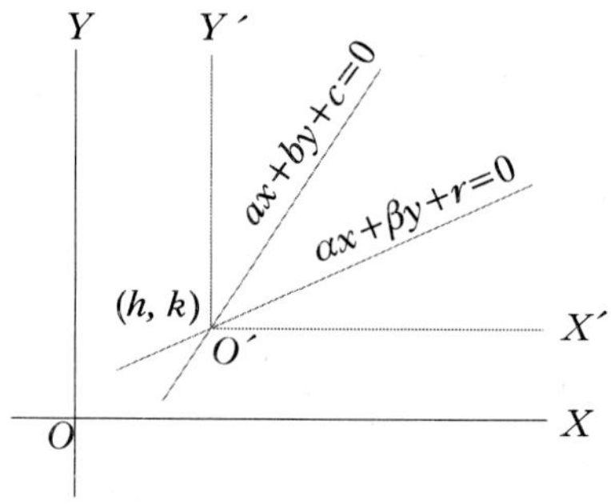


〈그림 2.5.1〉 $ax+by+c=0$과 $\alpha x+\beta y+\gamma=0$의 교점

$$[ax'+by'+(ah+bk+c)]dx'+[\alpha x'+\beta y'+(\alpha h+\beta k+\gamma)]dy'=0 \tag{2.27}$$

이다. 식 (2.25)에 의하여 식 (2.27)은 다음과 같이 된다.

$$(ax'+by')dx'+(\alpha x'+\beta y')dy'=0 \tag{2.28}$$

따라서 식 (2.28)은 동차미분방정식이므로 앞에서 배운 방법으로 해를 구하여 $x'$, $y'$ 대신에 각각 $x-h$, $y-k$를 대입하여 주어진 미분방정식 (2.23)의 해를 구할 수 있다.

만일

$$\frac{\alpha}{a}=\frac{\beta}{b}=m$$

이라 하면 $\alpha x+\beta y=m(ax+by)$이므로 식 (2.24)의 두 직선은 평행하다. 이 경우에는

$$z=ax+by,\ y=\frac{z-ax}{b},\ dy=\frac{dz-adx}{b}$$

로 치환하면 주어진 미분방정식 (2.23)을 변수분리형으로 바꾸어 해를 구할 수 있다.

【예제 4】 미분방정식

$$(x-2y+4)dx+(2x-y+2)dy=0 \tag{2.29}$$

의 해를 구하여라.

풀이 방정식 $x-2y+4=0$, $2x-y+2=0$을 풀면 $x=0$, $y=2$이므로 $h=0$, $k=2$가 되고

$$x=x',\ y=y'+2$$

이라 하면 다음과 같은 동차미분방정식이 된다.

$$(x'-2y')dx'+(2x'-y')dy'=0$$

이를 풀면

$$(x'+y')^3=c(x'-y')$$

이 되므로 $x'$, $y'$ 대신에 각각 $x$, $y-2$를 대입하여 주어진 미분방정식 (2.29)의 해를 구하면

$$(x+y-2)^3=c(x-y+2)$$

이다. □

## 연습문제(2.5)

1. 적절한 치환법을 사용하여 주어진 동차미분방정식의 해를 구하여라.

(1) $(x+y)dx+x\,dy=0$

(2) $y\,dx-2(x+y)dy=0$

(3) $x^2dy+y(y+x)dx=0$

(4) $(3x+y)dy-(x+3y)dx=0$

(5) $x\dfrac{dy}{dx}-y=\sqrt{x^2+y^2}$

(6) $(x+y)dy+(x-y)dx=0$

2. 주어진 초기값문제를 풀어라.

(1) $(x^2+2y^2)\dfrac{dy}{dx}=xy$, $y(-1)=1$

(2) $y\,dx+x(\ln x-\ln y-1)dy=0$, $y(1)=e$

(3) $xy^2\dfrac{dy}{dx}=y^3-x^3$, $y(1)=2$

(4) $(x+ye^{\frac{y}{x}})dx-xe^{\frac{y}{x}}dy=0,\ y(1)=0$

3. 주어진 초기값문제를 풀어라.

(1) $x^2\dfrac{dy}{dx}-2xy=3y^2,\ y(1)=\dfrac{1}{2}$

(2) $y^{\frac{1}{2}}\dfrac{dy}{dx}+y^{\frac{3}{2}}=1,\ y(0)=4$

(3) $\dfrac{dy}{dx}=\cos(x+y),\ y(0)=\dfrac{\pi}{4}$

(4) $\dfrac{dy}{dx}=\dfrac{3x+2y}{3x+2y+2},\ y(-1)=-1$

4. 주어진 미분방정식의 일반해를 구하여라.

(1) $\dfrac{dy}{dx}=(x+y+1)^2$

(2) $\dfrac{dy}{dx}=\dfrac{1-x-y}{x+y}$

(3) $\dfrac{dy}{dx}=\tan^2(x+y)$

(4) $\dfrac{dy}{dx}=\sin(x+y)$

(5) $\dfrac{dy}{dx}=2+\sqrt{y-2x+3}$

(6) $\dfrac{dy}{dx}=1+e^{y-x+5}$

5. 미분방정식 $\dfrac{dy}{dx}=\dfrac{3xy}{4x^2-y^2}$의 해를 구하고 $y=\pm 2x$는 이 방정식의 해가 될 수 없는 이유를 밝혀라.

6. 다음 미분방정식의 해를 구하여라.

$$[3(y-1)(x+y-1)+2(y-1)^2]dx+[4(y-1)(x+y-1)+(y-1)^2]dy=0$$

## 2.6 선형미분방정식

$n$계 선형미분방정식의 일반형은

$$a_n(x)\frac{d^n y}{dx^n}+a_{n-1}(x)\frac{d^{n-1}y}{dx^{n-1}}+\cdots+a_1(x)\frac{dy}{dx}+a_0(x)y=g(x)$$

로 주어진다. 위의 식에서 모든 계수함수 $a_k(x)$가 변수 $x$의 함수이고 $y$와 그 도함수들의 차수가 1이라는 사실에 유념하라. 특히 $n=1$일 때 다음과 같은 1계 선형미분방정식을 얻는다.

**〈정의 2.4〉 1계 선형미분방정식**

미분방정식

$$a_1(x)\frac{dy}{dx}+a_0(x)y=g(x) \tag{2.30}$$

을 가리켜 1계 선형미분방정식이라 한다.

위의 정의에서 $g(x)=0$인 1계 선형미분방정식

$$a_1(x)\frac{dy}{dx}+a_0(x)y=0$$

을 **제차방정식**(homogeneous equation)이라 한다.

식 (2.30)의 양변을 선두계수 $a_1(x)$로 나누면 표준형

$$\frac{dy}{dx}+P(x)y=f(x) \tag{2.31}$$

으로 변형할 수 있다. 여기서 $P(x)=\dfrac{a_0(x)}{a_1(x)}$이고 $f(x)=\dfrac{g(x)}{a_1(x)}$이다. 어떤 주어진 구간 $I$에서 $P(x)$와 $f(x)$가 모두 연속일 때 우리는 식 (2.31)의 해를 구하려고 한다.

제차방정식

$$\frac{dy}{dx}+P(x)y=0 \tag{2.32}$$

의 일반해를 $y_h$라 하고 식 (2.31)의 특수해를 $y_p$라 하면 합 $y=y_h+y_p$가 식 (2.31)의 일반해이다. 일반해 $y_h$를 구하기 위하여 식 (2.32)를 변수분리형

$$\frac{dy}{y}+P(x)dx=0$$

으로 변형한 다음 적분을 이용하여 해를 구하면 $y_h=ce^{-\int P(x)dx}$이다. 여기서 $y_1=e^{-\int P(x)dx}$라 놓으면 $y_h=cy_1(x)$이다.

이제 $\frac{dy_1}{dx}+P(x)y_1=0$이라는 사실을 이용하여 식 (2.31)의 특수해 $y_p$를 구하려고 한다.

함수 $y_1=e^{-\int P(x)dx}$가 미분방정식 (2.31)의 해일 때 $y_p=u(x)y_1(x)$가 식 (2.31)의 특수해가 되도록 함수 $u(x)$를 구하면 된다. 여기서 $y_p=uy_1$을 식 (2.31)에 대입하면

$$\frac{d}{dx}[uy_1]+P(x)uy_1=f(x)$$
$$u\frac{dy_1}{dx}+y_1\frac{du}{dx}+P(x)uy_1=f(x)$$
$$u\left[\frac{dy_1}{dx}+P(x)y_1\right]+y_1\frac{du}{dx}=f(x)$$

이고 $\frac{dy_1}{dx}+P(x)y_1=0$이므로

$$y_1\frac{du}{dx}=f(x)$$

이다. 변수분리형으로 변환하여 적분하면

$$du=\frac{f(x)}{y_1(x)}dx \quad \text{이고} \quad u=\int\frac{f(x)}{y_1(x)}dx$$

이다. $y_1$의 정의에 의하여

$$y_p = uy_1 = e^{-\int P(x)dx} \cdot \int \left(e^{\int P(x)dx} \cdot f(x)\right) dx$$

이다. 그러므로 식 (2.30)의 일반해는

$$y = y_h + y_p = ce^{-\int P(x)dx} + e^{-\int P(x)dx} \cdot \int \left(e^{\int P(x)dx} \cdot f(x)\right) dx \tag{2.33}$$

이다. 위와 같이 특수해 $y_p$를 구하고자 하는 방법을 **매개변수 변환법**(variation of parameters)이라 한다. 식 (2.33)에서 주어진 공식을 암기할 필요는 없다. 함수 (2.33)가 식 (2.31)의 해임을 증명하기 위하여 식 (2.33)의 양변에

$$e^{\int P(x)dx} \tag{2.34}$$

를 곱하면

$$e^{\int P(x)dx} y = c + \int e^{\int P(x)dx} f(x) dx \tag{2.35}$$

가 되고, 이것을 미분하면

$$\frac{d}{dx}\left[e^{\int P(x)dx} y\right] = e^{\int P(x)dx} f(x) \tag{2.36}$$

가 되어

$$e^{\int P(x)dx} \frac{dy}{dx} + P(x) e^{\int P(x)dx} y = e^{\int P(x)dx} f(x) \tag{2.37}$$

를 얻는다. 식 (2.37)의 양변을 $e^{\int P(x)dx}$로 나누면 미분방정식 (2.31)를 얻는다.

미분방정식 (2.31)의 해를 구하고자 하는 방법은 위의 식 (2.35)−(2.37)의 순서를 거꾸로 이용하면 된다. 즉, 먼저 식 (2.31)에 식 (2.34)를 곱하면 식 (2.37)을 얻는다. 식 (2.37)의 좌변은 $ye^{\int P(x)dx}$를 미분한 것으로서 식 (2.37)은 식 (2.36)과 같다. 마지막으로 식 (2.36)을 적분하면 식 (2.31)의 일반해 (2.35)을 얻는다. 방정식 (2.31)의 해를 구하기 위하여 함수 $e^{\int P(x)dx}$를 곱한 다음 적분하였다. 여기서 함수 $e^{\int P(x)dx}$를 미분방정식 (2.31)의 적분인자(integrating factor)라 한다.

[1계 선형미분방정식의 해법]

1. 선형방정식 (2.30)의 해를 구하기 위하여 먼저 표준형 (2.31)로 변환한다.

2. 적분인자 $e^{\int P(x)dx}$를 구한다.

3. 적분인자 $e^{\int P(x)dx}$를 식 (2.31)의 양변에 곱한다.

$$e^{\int P(x)dx}\frac{dy}{dx}+P(x)e^{\int P(x)dx}y=e^{\int P(x)dx}f(x)$$

4. 위의 식이 다음 방정식과 동치임을 알자.

$$\frac{d}{dx}\left[e^{\int P(x)dx}y\right]=e^{\int P(x)dx}f(x)$$

5. 위의 식을 적분한 다음 $e^{\int P(x)dx}$로 양변을 나누면 다음과 같은 해를 얻는다.

$$y=e^{-\int P(x)dx}\left(\int e^{\int P(x)dx}f(x)dx+c\right)$$

【예제 1】 다음 미분방정식의 일반해를 구하여라.

$$x\frac{dy}{dx}-4y=x^6e^x$$

풀이 주어진 미분방정식의 양변을 $x$로 나누면 표준형

$$\frac{dy}{dx}-\frac{4}{x}y=x^5e^x \tag{2.38}$$

을 얻는다. 여기서 $P(x)=-\frac{4}{x}$이므로 적분인자는

$$e^{-\int \frac{-4}{x}dx}=e^{-4\ln|x|}=e^{\ln x^{-4}}=x^{-4}$$

이다. 이것을 식 (2.38)에 곱하면

$$x^{-4}\frac{dy}{dx}-4x^{-5}y=xe^x \tag{2.39}$$

이고 이 식은

$$\frac{d}{dx}[x^{-4}y]=xe^{x} \tag{2.40}$$

과 동치이다. 이 식을 적분하면

$$x^{-4}y=xe^{x}-e^{x}+c \quad \text{또는} \quad y=x^{5}e^{x}-x^{4}e^{x}+cx^{4}$$

이다. □

【예제 2】 제차 선형방정식 $\frac{dy}{dx}-3y=0$의 일반해를 구하여라.

풀이 이 방정식은 변수분리형 해법을 이용하여 해를 구할 수도 있다. 그러나 다른 한편으로는 이 방정식은 표준형 선형방정식이다. 여기서 적분인자 $e^{\int(-3)dx}=e^{-3x}$을 주어진 방정식에 곱하면 $e^{-3x}\frac{dy}{dx}-3e^{-3x}y=0$이 되며 이것은

$$\frac{d}{dx}[e^{-3x}y]=0$$

과 동치이다. 양변을 적분한 다음 $e^{3x}$을 곱하면 구하고자 하는 해는 $y=ce^{3x}$이 된다. □

함수 $P(x)$와 $f(x)$가 구간 $I$에서 연속이고 $x_0 \in I$이면, 정리 2.2에 의하여, 초기값 문제

$$\frac{dy}{dx}+P(x)y=f(x), \ y(x_0)=y_0 \tag{2.41}$$

는 유일한 해를 갖는다. 그러나 우리는 방정식 (2.31)이 구간 $I$에서 하나의 임의상수 $c$를 포함한 일반해 (2.33)을 갖는다는 사실을 알고 있다. 따라서 초기값문제 (2.41)의 해를 구하고자 하는 것은 간단한 문제로서 식 (2.33)에서 상수 $c$의 값을 구하기만 하면 된다. 우리는 식 (2.33)형태의 해를 가리켜서 초기값문제 (2.41)에 나타난 미분방정식의 **일반해**(general solution)라 한다. 참고로 비선형 미분방정식에서는 종종 **특이해**(singular solution)가 존재한다는 사실을 말해 두고 싶다. 그러나 선형방정식 (2.31)

은 $P(x)$와 $f(x)$가 같은 구간 $I$에서 연속이기만 하면 특이해를 갖지 않는다.

【예제 3】 미분방정식 $(x^2+9)\dfrac{dy}{dx}+xy=0$의 일반해를 구하여라.

풀이 먼저 주어진 미분방정식을 다음 형태로 변형하자.

$$\frac{dy}{dx}+\frac{x}{x^2+9}y=0$$

함수 $P(x)=x/(x^2+9)$가 구간 $(-\infty, \infty)$에서 연속이고 적분인자

$$e^{\int x\,dx/(x^2+9)}=e^{\frac{1}{2}\ln(x^2+9)}=\sqrt{x^2+9}$$

를 주어진 미분방정식에 곱하면

$$\sqrt{x^2+9}\,\frac{dy}{dx}+\frac{x}{\sqrt{x^2+9}}y=0$$

이다. 위의 식은

$$\frac{d}{dx}\left[\sqrt{x^2+9}\,y\right]=0$$

과 동치이고 이것을 적분하면

$$\sqrt{x^2+9}\,y=c$$

를 얻는다. 따라서 구간 $(-\infty, \infty)$에서 일반해는

$$y=\frac{c}{\sqrt{x^2+9}}$$

이다. □

선두계수가 1인 경우를 제외하고는 미분방정식 (2.30)을 $a_1(x)$로 나누어 표준형 방정식 (2.30)의 형태로 변환해야 한다. 이 과정에서 $a_1(x)$가 상수가 아닌 경우에는 $a_1(x)=0$이 되는 점들에 대해서 주의를 기울여야 한다. 특히, 식 (2.31)에 있는 함수 $P(x)$가 불연속인 점들에서 상당한 문제를 내포하기 때문이다.

【예제 4】 초기값문제 $x\dfrac{dy}{dx}+y=2x,\ y(1)=0$의 해를 구하여라.

풀이 주어진 미분방정식을 표준형으로 변환하면

$$\frac{dy}{dx}+\frac{1}{x}y=2$$

이고 $P(x)=\dfrac{1}{x}$이 0을 포함한 구간에서 불연속이다. 주어진 초기조건을 감안하여 주어진 방정식의 해를 구간 $(0,\ \infty)$에서 구하도록 하자. 적분인자 $e^{\int \frac{1}{x}dx}=e^{\ln x}=x$를 주어진 미분방정식에 곱하면

$$\frac{d}{dx}(xy)=2x$$

이고 이 식을 적분하면 $xy=x^2+c$를 얻는다. 이것을 $y$에 관하여 풀면

$$y=x+\frac{c}{x}$$

가 된다. 여기에 초기조건 $y(1)=0$을 대입하였을 때 $c=-1$이므로 구하고자 하는 해는

$$y=x-\frac{1}{x}\quad(0<x<\infty)$$

이다. □

【예제 5】 초기조건 $y(0)=0$을 만족하는 다음 방정식의 해를 구하여라.

$$\frac{dy}{dx}+y=f(x)\quad \text{이고}\quad f(x)=\begin{cases}1, & 0\le x\le 1\\ 0, & x>1\end{cases}$$

풀이 함수 $f(x)$가 점 $x=1$에서 불연속이므로 우리는 주어진 방정식의 일반해를 $f(x)$가 정의되는 두 구간으로 나누어 각각 구해야 한다. $0\le x\le 1$인 경우에는 주어진 미분방정식이

$$\frac{dy}{dx}+y=1\quad \text{또는}\quad \frac{d}{dx}(e^xy)=e^x$$

이다. 위의 마지막 식을 적분하여 $y$에 관하여 풀면 $y=1+c_1e^{-x}$이 된다. 초기조건 $y(0)=0$에 의하여 $c_1=-1$이므로

$$y=1-e^{-x}\ (0\le x\le 1)$$

이다.

$x>1$인 경우에는 주어진 방정식이

$$\frac{dy}{dx}+y=0$$

이므로 일반해가 $y=c_2e^{-x}$이다. 따라서 주어진 문제의 해는

$$y=\begin{cases}1-e^{-x}, & 0\le x\le 1\\ c_2e^{-x}, & x>1\end{cases}$$

이다. $y$가 연속함수가 되려면 $\lim_{x\to 1+}y(x)=y(1)$이 되어야 하므로 $c_2e^{-1}=1-e^{-1}$ 또는 $c_2=e-1$이 되어야 한다. 그런데

$$y=\begin{cases}1-e^{-x}, & 0\le x\le 1\\ (e-1)e^{-x}, & x>1\end{cases}$$

는 점 $x=1$에서 연속이기는 하지만 미분불가능하다. □

**〈정의 2.5〉 베르누이 방정식**

미분방정식

$$\frac{dy}{dx}+P(x)y=f(x)y^n\ (n\text{은 실수}) \tag{2.42}$$

을 베르누이 방정식(Bernoulli's equation)이라 한다.

$n=0$ 또는 $n=1$이면 미분방정식 (2.42)는 선형방정식이 된다.

$n\neq 0,\ 1$인 경우에는 $u=y^{1-n}$으로 치환하면 식 (2.42)는 선형방정식으로 변환된다.

【예제 6】 미분방정식 $x\frac{dy}{dx}+y=x^2y^2$의 해를 구하여라.

풀이 주어진 미분방정식의 양변을 $x$로 나누면 베르누이의 방정식

$$\frac{dy}{dx}+\frac{1}{x}y=xy^2 \tag{2.43}$$

을 얻는다. 여기서 $u=y^{1-2}=y^{-1}$로 놓으면 $y=u^{-1}$이므로 연쇄법칙에 의하여

$$\frac{dy}{dx}=-u^{-2}\frac{du}{dx}$$

이다. 따라서 식 (2.43)은

$$\frac{du}{dx}-\frac{1}{x}u=-x \tag{2.44}$$

로 변환된다. 이 식을 풀기 위하여 먼저 제차 선형방정식

$$\frac{du}{dx}-\frac{1}{x}u=0$$

의 해를 구하도록 하자. 이 방정식은 변수분리형 방정식

$$\frac{1}{u}du-\frac{1}{x}dx=0$$

이므로 양변을 적분하여 풀면

$$\ln\left|\frac{u}{x}\right|=c_1 \ (c_1 : \text{임의의 상수})$$

또는

$$u_h=cx \ (c : \text{임의의 상수})$$

이다. 이제 방정식

$$u_p=c(x)x$$

를 식 (2.44)의 특수해라 놓으면

$$\frac{du_p}{dx}=c'(x)x+c(x)$$

이므로 식 (2.44)는

$$c'(x)x+c(x)-c(x)=-x$$

또는

$$c'(x)=-1$$

이 된다. 그러므로 $c(x)=-x$이고 $u_p=c(x)x=-x^2$이다. 그러므로 식 (2.44)의 일반해는

$$u=u_h+u_p=cx-x^2\ (c:\text{임의의 상수})$$

이다. 그런데 $u=y^{-1}$이므로, 주어진 베르누이 방정식의 일반해는

$$y=\frac{1}{cx-x^2}$$

이다. □

예제 6에서 주어진 베르누이 방정식은 자명해 $y=0$을 특이해로 갖는다는 점에 유의하라.

## 연습문제(2.6)

1. 주어진 미분방정식의 일반해를 구하고 일반해가 정의되는 구간을 정하라.

(1) $\dfrac{dy}{dx}+2y=0$

(2) $x\dfrac{dy}{dx}+2y=3$

(3) $\dfrac{dy}{dx}-y=e^x$

(4) $\dfrac{dy}{dx}+2xy=x^3$

(5) $\dfrac{dy}{dx}=2y+x^2+5$

(6) $\dfrac{dy}{dx}=x+y$

(7) $(1+x^2)dy+2ydx=0$

(8) $(1-x^3)\dfrac{dy}{dx}=3x^2y$

(9) $\dfrac{dy}{dx}+y\cot x-2\cos x=0$

(10) $(1+x)\dfrac{dy}{dx}-x(y+x+1)=0$

(11) $xy'+(1+x)y=e^{-x}\sin 2x$

(12) $(x+1)y'+(x+2)y=2xe^{-x}$

(13) $xy'+2y=e^x+\ln x$

(14) $\dfrac{dy}{dx}-y=\sinh x$

(15) $(ye^y-2x)dy-ydx=0$

(16) $\dfrac{dr}{d\theta}+r\sec\theta=\cos\theta$

(17) $(x^2-1)\dfrac{dy}{dx}+2y=(x+1)^2$

(18) $(3e^y-2x)dy-dx=0$

(19) $(x^2+x)dy-(x^5+3xy+3y)dx=0$

(20) $(1-\cos x)dy+(2y\sin x-\tan x)dx=0$

2. 주어진 초기값문제를 풀어라.

(1) $\dfrac{dy}{dx}=2y+x(e^{3x}-e^{2x}),\ y(0)=2$

(2) $\dfrac{dy}{dx}-xy=2y^2,\ y(1)=5$

(3) $\dfrac{dQ}{dt}=5t^4Q,\ Q(0)=-7$

(4) $x\,dy+(xy+2y-2e^{-x})dx=0,\ y(1)=0$

(5) $xy'+y=e^x,\ y(1)=2$

3. 주어진 초기값문제를 만족하는 연속함수를 구하여라.

(1) $\dfrac{dy}{dx}+2y=f(x),\ f(x)=\begin{cases}1, & 0\le x\le 3\\ 0, & x>3\end{cases},\ y(0)=0$

(2) $\dfrac{dy}{dx}+y=f(x),\ f(x)=\begin{cases}1, & 0\le x\le 1\\ -1, & x>1\end{cases},\ y(0)=1$

(3) $\dfrac{dy}{dx}+2xy=f(x),\ f(x)=\begin{cases}x, & 0\le x<1\\ 0, & x\ge 1\end{cases},\ y(0)=2$

(4) $(x^2+1)\dfrac{dy}{dx}+2xy=f(x),\ f(x)=\begin{cases}x, & 0\le x<1\\ -x, & x\ge 1\end{cases},\ y(0)=0$

4. 적절한 치환법을 써서 주어진 베르누이방정식을 풀어라.

(1) $x\dfrac{dy}{dx}+y=\dfrac{1}{y^2}$

(2) $\dfrac{dy}{dx}-y=e^xy^2$

(3) $\dfrac{dy}{dx}=y(xy^3-1)$

(4) $x\dfrac{dy}{dx}-(1+x)y=xy^2$

(5) $x^2\dfrac{dy}{dx}+y^2=xy$

(6) $3(1+x^2)\dfrac{dy}{dx}=2xy(y^3-1)$

# 3장

# 고계 미분방정식

2계 이상의 미분방정식을 고계 미분방정식이라 부르는데 $n$계 미분방정식의 일반형이

$$F(x,\ y',\ y'',\ \cdots,\ y^{(n)})=0$$

의 형태로 주어진다는 것은 이미 1장에서 소개한 바 있다. 이 장에서는 대부분

$$a_n(x)y^{(n)}+a_{n-1}(x)y^{(n-1)}+\cdots a_1(x)y'+a_0(x)y=f(x)$$

형태인 선형미분방정식의 해를 구하는 방법을 다루며 특히 상수계수를 갖는 선형미분방정식에 대한 해법을 소개하는 것이 주류를 이룬다.

현재까지 2계 이상의 비선형 미분방정식에 대한 완전한 해를 구하는 수학적인 방법은 극히 제한적인 경우에만 알려져 있다. 실제로 비선형 미분방정식의 해를 구하는 것은 대부분 수치해석학적인 방법을 써서 근사해로 구하게 되는데 그 중에서 멱급수 해로 구하는 방식을 다음 장에서 다루게 된다. 비선형 미분방정식의 해를 수학적으로 구하는 몇 가지 예는 이 장의 마지막 절에서 소개된다.

## 3.1 미분연산자

흔히 미적분학에서 대문자 $D$를 미분을 나타내는 기호로 사용한다. 즉, $Dy=\frac{dy}{dx}$를 의미한다. 여기서 기호 $D$를 **미분연산자**(differential operator)라 한다. 연산자 $D$는 미분가능한 함수를 다른 함수로 변환한다. 예를 들면 $D(\cos 4x)=-4\sin 4x$이고 $D(5x^3-6x^2)=15x^2-12x$이다. 우리는 자연스럽게 고계 미분을 $D$에 관한 식으로 표현할 수 있다. $y$가 $x$에 대하여 충분히 미분가능한 함수일 때

$$\frac{d}{dx}\left(\frac{dy}{dx}\right)=\frac{d^2y}{dx^2}=D^2y \quad \text{이고} \quad \frac{d^ny}{dx^n}=D^ny$$

이다. 특히 $D^0y=y$라 하며

$$f(x)D^ny=f(x)\frac{d^ny}{dx^n}$$

으로 $f(x)D^n$을 나타낸다. 예를 들면 $3xD^2x^4=3x\frac{d^2}{dx^2}(x^4)=3x\cdot 12x^2=36x^3$이다.

【예제 1】 (1) $(3D+5)y=3Dy+5y=3\frac{dy}{dx}+5y$

(2) $(3D^2+2D-4)y=3D^2y+2Dy-4y=3\frac{d^2y}{dx^2}+2\frac{dy}{dx}-4y$

(3) $$\begin{aligned}(D+1)^2(xe^{-x})&=(D+1)[(D+1)(xe^{-x})]\\&=(D+1)[D(xe^{-x})+xe^{-x}]=(D+1)(e^{-x})\\&=D(e^{-x})+e^{-x}=0\end{aligned}$$

따라서 $D$를 포함한 다항식 $D+3$, $D^2+3D-4$와 $5x^3D^3-6x^2D^2+4xD+9$를 미분연산자로 간주할 수 있다.

$x$의 함수 $y$에 대하여

$$(aD^m+bD^n)y=aD^my+bD^ny$$

$$aD^m \cdot bD^n y = aD^m(bD^n y)$$

로 정의한다.

일반적으로 미분연산자는 다음과 같이 대수의 기본법칙(fundamental laws of algebra)을 따른다. $a$, $b$, $c$가 상수일 때

$$\left.\begin{aligned}(aD^m + bD^n)y &= (bD^n + aD^m)y \\ (aD^m)\cdot(bD^n)y &= (bD^n)\cdot(aD^m)y\end{aligned}\right\}\ \text{(교환법칙)}$$

$$\left.\begin{aligned}[(aD^m + bD^n) + cD^r]y &= [aD^m + (bD^n + cD^r)]y \\ aD^m\cdot(bD^n \cdot cD^r)y &= (aD^m \cdot bD^n)\cdot(cD^r y)\end{aligned}\right\}\ \text{(결합법칙)}$$

$$aD^m\cdot(bD^n + cD^r)y = aD^m \cdot bD^n y + aD^m \cdot cD^r y\ \}\ \text{(분배법칙)}$$

**〈정의 3.1〉**

$n$계 미분연산자를

$$L = a_n(x)D^n + a_{n-1}(x)D^{n-1} + \cdots + a_1(x)D + a_0(x) \tag{3.1}$$

로 정의한다.

그러므로

$$\begin{aligned}L(y) &= [a_n(x)D^n + a_{n-1}(x)D^{n-1} + \cdots + a_1(x)D + a_0(x)]y \\ &= a_n(x)\frac{d^n y}{dx^n} + a_{n-1}(x)\frac{d^{n-1}y}{dx^{n-1}} + \cdots + a_1(x)\frac{dy}{dx} + a_0(x)y\end{aligned}$$

이다.

미분이 갖는 기본적인 성질때문에 미분연산자 $L$은 선형성을 갖는다. 즉 $\alpha$와 $\beta$가 상수이고 $f(x)$와 $g(x)$가 미분가능한 함수일 때

$$L[\alpha f(x) + \beta g(x)] = \alpha L[f(x)] + \beta L[g(x)] \tag{3.2}$$

이다. 따라서 수학적귀납법에 의하여 다음 정리가 성립한다.

**정리 3.1** $c_1, c_2, \cdots, c_n$은 상수이고 임의의 구간 $I$에서 $\{y_1, y_2, \cdots, y_n\}$을 $x$의 함수라 하면

$$L(c_1y_1+c_2y_2+\cdots+c_ny_n)=c_1L(y_1)+c_2L(y_2)+\cdots+c_nL(y_n)$$

이다.

식 (3.2)의 결과로 인하여 $n$계 미분연산자 $L$을 선형 연산자(linear operator)라고 한다.

【예제 2】 (1) $a^2D^2+3aD+2=(aD+1)(aD+2)=(aD+2)(aD+1)$

(2) $(D+1)^2(D+2)(x^2e^{-x})=(D^2+2D+1)(D+2)(x^2e^{-x})$

$$=(D^2+2D+1)(2xe^{-x}+x^2e^{-x})=2e^{-x}$$

(3) $(D-a)(D+b)y=[D^2-(a-b)D-ab]y$

【예제 3】 미분방정식 $(D-2)Dy=0$의 해를 구하여라.

풀이 먼저 $Dy=z$이라 하면

$$(D-2)z=0, \text{ 즉 } \frac{dz}{dx}-2z=0$$

이다. 이는 변수분리형이므로 $z=ce^{2x}$이다. 따라서

$$Dy=ce^{2x}, \text{ 즉 } \frac{dy}{dx}=ce^{2x}$$

이므로 구하고자 하는 해는 $y=c_1e^{2x}+c_2$이다. □

【예제 4】 미분방정식 $(D^2-5D+6)y=6$의 해를 구하여라.

풀이 $D^2-5D+6=(D-2)(D-3)$이므로 $(D-3)y=z$이라 하면

$$(D-2)z=6, \text{ 즉 } \frac{dz}{dx}-2z=6$$

이다. 이는 선형미분방정식이므로 $z=-3+ce^{2x}$이다. 따라서

$$(D-3)y=-3+ce^{2x}, \text{ 즉 } \frac{dy}{dx}-3y=-3+ce^{2x}$$

이므로 구하고자 하는 해는 $y=1+c_1e^{2x}+c_2e^{3x}$이다. □

## 연습문제(3.1)

1. 다음을 계산하여라.

(1) $D^2x^3$

(2) $(D+1)x^2$

(3) $D^3e^{2x}$

(4) $(D-2)e^{3x}$

(5) $(D^2-a^2)\cos ax$

(6) $(D^2-a^2)\sin ax$

(7) $D^4(10x^3-2x^2)$

(8) $(D^4+64)(2\cos 8x-5\sin 8x)$

2. 다음 미분방정식의 일반해를 구하여라.

(1) $(D-2)Dy=0$

(2) $(D+2)(D-2)y=0$

(3) $(D+3)D^2y=0$

(4) $(D-1)(D-2)(D-3)y=0$

(5) $D^2(D-1)y=0$

(6) $(D-1)^2(D-2)^3y=0$

3. 주어진 미분방정식을 선형미분연산자 $L$을 이용하여 $L(y)=g(x)$의 형태로 표현하고 연산자 $L$을 인수분해하여라.

(1) $y'''+10y''+25y'=e^x$

(2) $y'''-3y'-2y=1$

(3) $9y''-4y=\sin x$

(4) $y''-5y=x^2-2x$

(5) $y''-4y'-12y=x-6$

(6) $2y''-3y'-2y=1$

## 3.2 함수의 선형독립성과 종속성

다음 두 개념은 선형미분방정식의 연구에 기초가 되는 중요한 개념이다.

**〈정의 3.2〉 함수의 선형종속성과 선형독립성**

$f_1(x),\ f_2(x),\ \cdots,\ f_n(x)$가 구간 $I$에서 정의되어 있는 함수라 하자.

(1) 상수 $c_1,\ c_2,\ \cdots,\ c_n$이 존재하여 적당한 $k \in \{1,\ 2,\ \cdots,\ n\}$에 대하여 $c_k \neq 0$이고 모든 $x \in I$에 대하여

$$c_1 f_1(x) + c_2 f_2(x) + \cdots + c_n f_n(x) = 0$$

일 때, 함수의 집합 $\{f_1(x),\ f_2(x),\ \cdots,\ f_n(x)\}$는 구간 $I$에서 선형종속(linearly dependent)이라 한다.

(2) $f_1(x),\ f_2(x),\ \cdots,\ f_n(x)$가 구간 $I$에서 선형종속이 아닐 때 함수의 집합 $\{f_1(x),\ f_2(x),\ \cdots,\ f_n(x)\}$는 구간 $I$에서 선형독립(linearly independent)이라 한다.

$f_1(x),\ f_2(x),\ \cdots,\ f_n(x)$가 구간 $I$에서 선형독립이면 모든 $x \in I$에 대하여

$$c_1 f_1(x) + c_2 f_2(x) + \cdots + c_n f_n(x) = 0$$

일 때 $c_1 = c_2 = \cdots c_n = 0$이 되어야 한다.

두 함수 $f_1(x)$와 $f_2(x)$가 어떤 구간 $I$에서 선형종속이면 적어도 하나는 0 아닌 상수 $c_1$과 $c_2$가 있어서 모든 $x \in I$에 대해서 $c_1 f_1(x) + c_2 f_2(x) = 0$이 되어야 한다. 여기서 $c_1 \neq 0$이라 하면

$$f_1(x) = -\frac{c_2}{c_1} f_2(x)$$

이다. 즉, 두 함수가 선형종속이 되려면 하나의 함수가 다른 함수의 상수곱으로 표현되어야 한다. 반대로 적당한 상수 $c_2$에 대하여 $f_1(x) = c_2 f_2(x)$이면

$$(-1)\cdot f_1(x)+c_2\cdot f_2(x)=0$$

이므로 $\{f_1(x),\ f_2(x)\}$는 선형종속이다.

따라서 두 함수 $f_1$과 $f_2$가 선형독립이 되려면 이들 중 어느 함수도 다른 함수의 상수곱으로 표현할 수 없어야 한다. 예를 들면 함수 $f_1(x)=\sin 2x$와 $f_2(x)=\sin x\cos x$는 선형종속이다. 왜냐하면 삼각함수의 2배각 공식에 의하여 $f_1(x)$가 $f_2(x)$의 상수곱으로 표현되기 때문이다. 다른 한편으로 $f_1(x)=x$이고 $f_2(x)=|x|$일 때 $f_1(x)$와 $f_2(x)$는 구간 $(-\infty,\ \infty)$에서 선형독립이다.

상수 $c_1,\ c_2,\ \cdots,\ c_n$와 임의의 $x\in I$에 대하여

$$c_1f_1(x)+c_2f_2(x)+\cdots+c_nf_n(x)$$

을 구간 $I$에서 함수의 집합 $\{f_1(x),\ f_2(x),\ \cdots,\ f_n(x)\}$의 **선형결합**(linear combination)이라 한다.

**【예제 1】** 함수 $f_1(x)=\cos^2 x,\ f_2(x)=\sin^2 x,\ f_3(x)=\sec^2 x,\ \ f_4(x)=\tan^2 x$은 구간 $\left(-\dfrac{\pi}{2},\ \dfrac{\pi}{2}\right)$에서 선형종속이다. 왜냐하면 $c_1=c_2=1,\ c_3=-1,\ c_4=1$일 때

$$c_1\cos^2 x+c_2\sin^2 x+c_3\sec^2 x+c_4\tan^2 x=0$$

이기 때문이다.

함수의 집합 $\{f_1(x),\ f_2(x),\ \cdots,\ f_n(x)\}$가 선형종속이 되기 위해서는 어느 하나의 함수 $f_k(x)\ (1\le k\le n)$가 나머지 함수 $f_1(x),\ \cdots,\ f_{k-1}(x),\ f_{k+1}(x),\ \cdots,\ f_n(x)$의 선형결합으로 표현되어야 한다.

**【예제 2】** 함수 $f_1(x)=\sqrt{x}+5,\ f_2(x)=\sqrt{x}+5x,\ \ f_3(x)=x-1,\ f_4(x)=x^2$은 구간 $(0,\ \infty)$에서 선형종속이다. 왜냐하면 모든 $x\in(0,\ \infty)$에 대하여

$$f_2(x)=1\cdot f_1(x)+5\cdot f_3(x)+0\cdot f_4(x)$$

이기 때문이다.

정의 3.2를 써서 주어진 함수가 선형독립인지 아닌지를 직접 판별할 수도 있겠으나 쉬운 일은 아니다. 이러한 문제를 쉽게 해결할 수 있는 방법이 정리 3.2에서 소개된다.

**〈정의 3.3〉 론스키안**

함수 $f_1(x), f_2(x), \cdots, f_n(x)$가 모두 $n-1$번 미분가능할 때 행렬식

$$W(f_1, f_2, \cdots, f_n) = \begin{vmatrix} f_1 & f_2 & \cdots & f_n \\ f_1' & f_2' & \cdots & f_n' \\ \vdots & \vdots & & \vdots \\ f_1^{(n-1)} & f_2^{(n-1)} & \cdots & f_n^{(n-1)} \end{vmatrix} \tag{3.3}$$

을 $f_1(x), f_2(x), \cdots, f_n(x)$의 론스키안(Wronskian)이라 한다.

다음은 미분가능한 함수의 집합 $\{f_1(x), f_2(x), \cdots, f_n(x)\}$가 선형종속일 조건을 주는 정리이다.

**정리 3.2 (함수의 선형종속성 판별법)** 적당한 구간 $I$에서 $n-1$번 미분가능한 함수의 집합 $\{f_1(x), f_2(x), \cdots, f_n(x)\}$이 선형종속이면 모든 $x \in I$에 대하여

$$W(f_1, f_2, \cdots, f_n)(x) = 0 \tag{3.4}$$

이다.

**증명** 구간 $I$에서 $n-1$번 미분가능한 함수의 집합 $\{f_1(x), f_2(x), \cdots, f_n(x)\}$가 선형종속이라 하면 상수 $c_1, c_2, \cdots, c_n$가 존재하여, 적당한 $k \in \{1, 2, \cdots, n\}$에 대하여 $c_k \neq 0$이고 임의의 $x \in I$에 대하여

$$c_1 f_1(x) + c_2 f_2(x) + \cdots + c_n f_n(x) = 0 \tag{3.5}$$

이 성립한다. 식 (3.5)를 $n-1$번 미분하자.

$$\begin{aligned} c_1 f_1{}'(x) &+ c_2 f_2{}'(x) &+ \cdots + c_n f_n{}'(x) &= 0 \\ c_1 f_1{}''(x) &+ c_2 f_2{}''(x) &+ \cdots + c_n f_n{}''(x) &= 0 \\ \vdots \quad & \quad \vdots & \vdots \quad & \\ c_1 f_1^{(n-1)}(x) &+ c_2 f_2^{(n-1)}(x) &+ \cdots + c_n f_n^{(n-1)}(x) &= 0 \end{aligned} \tag{3.6}$$

모두는 0이 아닌 상수 $c_1$, $c_2$, $\cdots$, $c_n$에 대하여 식 (3.5)와 식 (3.6)이 성립하면 식 (3.4)가 성립한다. 따라서 식 (3.4)는 함수집합 $\{f_1(x),\ f_2(x),\ \cdots,\ f_n(x)\}$가 선형종속일 필요조건이다. ■

위 정리에서 식 (3.4)가 성립하지 않는다고 하면, 즉

$$W(f_1,\ f_2,\ \cdots,\ f_n) \neq 0$$

이면 함수의 집합 $\{f_1(x),\ f_2(x),\ \cdots,\ f_n(x)\}$은 선형독립이다.

**【예제 3】** 임의의 구간에서 $\sin x$와 $\cos x$는 선형독립이다. 왜냐하면

$$W(\sin x,\ \cos x) = \begin{vmatrix} \sin x & \cos x \\ \cos x & -\sin x \end{vmatrix} = -\sin^2 x - \cos^2 x = -1 \neq 0$$

이기 때문이다.

**【예제 4】** 임의의 구간에서 $5e^{5x}$, $e^{5x}$, 5, $x$는 선형종속이다. 왜냐하면

$$W(5e^{5x},\ e^{5x},\ 5,\ x) = \begin{vmatrix} 5e^{5x} & e^{5x} & 5 & x \\ 25e^{5x} & 5e^{5x} & 0 & 1 \\ 125e^{5x} & 25e^{5x} & 0 & 0 \\ 625e^{5x} & 125e^{5x} & 0 & 0 \end{vmatrix} = 0$$

이기 때문이다.

## 연습문제(3.2)

1. 다음 함수들이 구간 $(-\infty, \infty)$에서 선형독립인지 아니면 선형종속인지를 판별하라.

   (1) $f_1(x)=0,\ f_2(x)=x,\ f_3(x)=e^x$

   (2) $f_1(x)=\cos 2x,\ f_2(x)=1,\ f_3(x)=\cos^2 x$

   (3) $f_1(x)=x+2,\ f_2(x)=|x|+2$

   (4) $f_1(x)=e^x,\ f_2(x)=e^{-x},\ f_3(x)=\cosh x$

   (5) $f_1(x)=x,\ f_2(x)=x^2,\ f_3(x)=4x-3x^2$

   (6) $f_1(x)=5,\ f_2(x)=\cos^2 x,\ f_3(x)=\sin^2 x$

   (7) $f_1(x)=x,\ f_2(x)=x-1,\ f_3(x)=x+3$

   (8) $f_1(x)=\sinh x,\ f_2(x)=e^{-x},\ f_3(x)=e^x$

2. 임의의 구간에서 함수 $e^x$, $5e^x$, $f(x)$는 선형종속인가?

3. 임의의 구간에서 함수 $f(x)$, $xf(x)$가 (1) 선형종속, (2) 선형독립이 될 함수 $f(x)$의 조건을 구하여라.

## 3.3 선형미분방정식

$n$계 선형미분방정식

$$a_n(x)\frac{d^ny}{dx^n}+a_{n-1}(x)\frac{d^{n-1}y}{dx^{n-1}}+\cdots+a_1(x)\frac{dy}{dx}+a_0(x)y=0 \tag{3.7}$$

을 **제차방정식**(homogeneous equation)이라 하고, $g(x)$가 항등적으로 0이 아닌 함수일 때

$$a_n(x)\frac{d^ny}{dx^n}+a_{n-1}(x)\frac{d^{n-1}y}{dx^{n-1}}+\cdots+a_1(x)\frac{dy}{dx}+a_0(x)y=g(x) \tag{3.8}$$

를 **비제차방정식**(nonhomogeneous equation)이라 한다. 예를 들면, $2y''+3y'-5y=0$은 2계 제차 선형미분방정식이고, $x^3y''+6y'+10y=e^x$은 2계 비제차 선형미분방정식이다.

나중에 알게 되겠지만 비제차 선형방정식 (3.8)의 해를 구하기 위해서는 대응하는 제차방정식 (3.7)의 해를 먼저 구할 수 있어야 한다.

**[주의]** 이제부터 선형방정식 (3.7)과 (3.8)에 관한 정의나 정리 등을 서술할 때 어떤 구간 $I$에서 다음과 같은 사항들이 충족되어 있다고 가정하자.

1. 각 $i=1, 2, \cdots, n$에 대하여 $a_i(x)$가 연속인 함수이고,
2. 함수 $g(x)$도 연속이며,
3. 모든 $x\in I$에 대하여 $a_n(x)\neq 0$이다.

선형미분방정식을 미분연산자 $D$를 사용하여 표현할 수 있다. 예를 들면 방정식 $y''+3y'+6y=10x-7$을 $D^2y+3Dy+6y=10x-7$ 또는 $(D^2+3D+6)y=10x-7$로 표현할 수 있다.

미분연산자 (3.1)을 써서 $n$계 미분방정식 (3.7)과 (3.8)을 각각

$$L(y)=0\text{과}\quad L(y)=g(x)$$

로 표현할 수 있다.

**정리 3.3 (제차 미분방정식의 해)** $y_1, y_2, \cdots, y_k$가 구간 $I$에서 $n$계 제차 미분방정식 (3.7)의 해이고 $c_1, c_2, \cdots, c_k$가 임의의 상수일 때 선형결합

$$y=c_1y_1(x)+c_2y_2(x)+\cdots+c_ky_k(x)$$

도 구간 $I$에서 제차방정식 (3.7)의 해가 된다.

**증명** $k=2$인 경우에 대해서만 증명하겠다. $L$을 식 (3.1)에서 정의된 연산자라 하고 $y_1(x)$와 $y_2(x)$가 제차방정식 $L(y)=0$의 해라 하자. 이제 $y=c_1y_1(x)+c_2y_2(x)$로 정의하면 $L$의 선형성에 의하여

$$\begin{aligned} L(y) &= L\{c_1y_1(x)+c_2y_2(x)\} \\ &= c_1L(y_1)+c_2L(y_2) \\ &= c_1\cdot 0+c_2\cdot 0 \\ &= 0 \end{aligned}$$

이 된다. ■

**따름정리 3.4** (1) $y_1(x)$가 제차 선형미분방정식 (3.7)의 해이면 상수곱 $y=c_1y_1(x)$도 제차 선형미분방정식 (3.7)의 해이다.

(2) 제차 선형미분방정식 (3.7)은 언제나 자명해 $y=0$을 해로 갖는다.

**【예제 1】** 함수 $y_1=x^2$과 $y_2=x^2\ln x$는 모두 구간 $(0, \infty)$에서 제차 선형미분방정식 $x^3y'''-2xy'+4y=0$의 해이다. 따라서 선형결합

$$y=c_1x^2+c_2x^2\ln x$$

도 $(0, \infty)$에서 주어진 미분방정식의 해가 된다.

주어진 선형미분방정식의 일반해를 구하기 위해서는 먼저 선형독립인 해들을 구해야 한다.

**정리 3.5 (해의 선형독립성 판별법)** $y_1, y_2, \cdots, y_n$이 구간 $I$에서 미분방정식 (3.7)의 해라 하자. 이때 $y_1, y_2, \cdots, y_n$이 $I$에서 선형독립일 필요충분조건은 모든 $x \in I$에 대하여

$$W(y_1, y_2, \cdots, y_n)(x) \neq 0$$

일 때이다.

해 $y_1, y_2, \cdots, y_n$이 구간 $I$에서 선형독립이 되려면 $W(y_1, y_2, \cdots, y_n)$이 구간 $I$에서의 어떠한 점에서도 0이 될 수 없어야 한다.

우리는 $n$계 제차 선형미분방정식에 대한 $n$개의 선형독립인 해에 특별한 이름을 부여할 필요가 있다.

**〈정의 3.4〉 기본해집합**

$y_1, y_2, \cdots, y_n$이 구간 $I$에서 $n$계 제차 선형미분방정식 (3.7)의 해라 하자. 만약 $y_1, y_2, \cdots, y_n$이 구간 $I$에서 선형독립이면 해집합 $\{y_1, y_2, \cdots, y_n\}$을 가리켜서 구간 $I$에서 방정식 (3.7)의 **기본해집합**(fundamental set of solutions)이라 한다.

주어진 선형미분방정식에 대한 기본해집합이 존재한다는 것을 다음 정리에 의하여 알 수 있다.

**정리 3.6 (기본해집합의 존재성)** 구간 $I$에서 $n$계 제차 선형미분방정식 (3.7)에 대한 기본해집합은 반드시 존재한다.

3차원 공간에서 모든 벡터를 선형독립인 기본벡터 $i, j, k$의 선형결합으로 표현할 수 있는 것처럼 $n$계 제차 선형미분방정식의 모든 해를 선형독립인 $n$개의 해들의 선형결합으로 표현할 수 있다는 것을 다음 정리를 통하여 알 수 있다.

**정리 3.7 (제차방정식의 일반해)** 구간 $I$에서 $n$계 제차 선형미분방정식 (3.7)의 기본해집합을 $\{y_1, y_2, \cdots, y_n\}$이라 하자. 이때 주어진 구간 $I$에서 방정식 (3.7)의 일반해는

$$y=c_1y_1+c_2y_2+\cdots+c_ny_n$$

이다. 여기서 $c_1, c_2, \cdots, c_n$은 임의의 상수이다.

정리 3.7의 내용은 $Y(x)$가 미분방정식 (3.7)에 대한 임의의 해라고 한다면

$$Y(x)=c_1y_1(x)+c_2y_2(x)+\cdots+c_ny_n(x)$$

인 적당한 상수 $c_1, c_2, \cdots, c_n$이 존재한다는 것을 말하고 있다.

【예제 2】 함수 $y_1=e^{3x}$와 $y_2=e^{-3x}$는 구간 $(-\infty, \infty)$에서 제차 선형미분방정식 $y''-9y=0$의 해이다. 또한 모든 실수 $x$에 대하여

$$W(e^{3x}, e^{-3x})=\begin{vmatrix} e^{3x} & e^{-3x} \\ 3e^{3x} & -3e^{-3x} \end{vmatrix}=-6\neq 0$$

이므로 $y_1=e^{3x}$와 $y_2=e^{-3x}$는 구간 $(-\infty, \infty)$에서 선형독립이다. 그러므로 미분방정식 $y''-9y=0$에 대해서 구간 $(-\infty, \infty)$에서 $\{e^{3x}, e^{-3x}\}$은 기본해집합이고 일반해는

$$y=c_1e^{3x}+c_2e^{-3x}$$

이다.

【예제 3】 함수 $y=4\sinh 3x-5e^{3x}$는 제차 선형미분방정식 $y''-9y=0$의 한 해임을 알 수 있다. 정리 3.7에 의하면 이 해는 일반해로부터 얻어질 수 있어야 한다. 그런데 예제 2에서 $c_1=2$이고 $c_2=-7$이면

$$
\begin{aligned}
y &= 2e^{3x} - 7e^{-3x} \\
&= 2e^{3x} - 2e^{-3x} - 5e^{-3x} \\
&= 4\left(\frac{e^{3x} - e^{-3x}}{2}\right) - 5e^{-3x} \\
&= 4 \sinh 3x - 5e^{-3x}
\end{aligned}
$$

이다.

【예제 4】 세 함수 $y_1 = e^x$, $y_2 = e^{2x}$, $y_3 = e^{3x}$은 모두 3계 제차 선형미분방정식

$$y''' - 6y'' + 11y' - 6y = 0$$

의 해이다. 그리고 모든 실수 $x$에 대해서

$$W(e^x,\ e^{2x},\ e^{3x}) = \begin{vmatrix} e^x & e^{2x} & e^{3x} \\ e^x & 2e^{2x} & 3e^{3x} \\ e^x & 4e^{2x} & 9e^{3x} \end{vmatrix} = 2e^{6x} \neq 0$$

이다. 그러므로 미분방정식

$$y''' - 6y'' + 11y' - 6y = 0$$

에 대하여 구간 $(-\infty, \infty)$에서 함수 $\{e^x, e^{2x}, e^{3x}\}$은 기본해집합이고 일반해는

$$y = c_1 e^x + c_2 e^{2x} + c_3 e^{3x} \quad (c_1,\ c_2,\ c_3 : \text{임의의 상수})$$

이다.

## 연습문제(3.3)

※ 다음에서 주어진 함수들이 명시된 구간에서 주어진 미분방정식의 기본해집합임을 보여라.

1. $y''-4y=0$, $\cosh 2x$, $\sinh 2x$, $(-\infty, \infty)$
2. $4y''-4y'+y=0$, $e^{\frac{x}{2}}$, $xe^{\frac{x}{2}}$, $(-\infty, \infty)$
3. $x^2y''+xy'+y=0$, $\cos(\ln x)$, $\sin(\ln x)$, $(0, \infty)$
4. $y^{(4)}+y''=0$, $1$, $x$, $\cos x$, $\sin x$, $(-\infty, \infty)$
5. $y''-y'-12y=0$, $e^{-3x}$, $e^{4x}$, $(-\infty, \infty)$
6. $y''-2y'+5y=0$, $e^x\cos 2x$, $e^x\sin 2x$ $(-\infty, \infty)$
7. $x^2y''-6xy'+12y=0$, $x^3$, $x^4$, $(0, \infty)$
8. $x^3y'''+6x^2y''+4xy'-4y=0$, $x$, $x^{-2}$, $x^{-2}\ln x$, $(0, \infty)$

## 3.4 상수계수를 갖는 제차 선형방정식

$a$가 상수일 때 1계 선형미분방정식 $\frac{dy}{dx}+ay=0$은 구간 $(-\infty, \infty)$에서 해를 지수함수 $y=ce^{-ax}$로 갖는다는 것을 앞에서 배웠다. 그러므로 $n$개의 실수인 상수 $a_1, a_2, \cdots, a_n(\neq 0)$이 주어져 있을 때 $n$계 제차 선형미분방정식

$$a_n y^{(n)}+a_{n-1}y^{(n-1)}+\cdots+a_2 y''+a_1 y'+a_0 y=0 \tag{3.9}$$

의 해가 구간 $(-\infty, \infty)$에서 지수함수로 가질 가능성이 있다고 생각하는 것은 매우 자연스러운 일이다. 실제로 놀라운 사실은 미분방정식 (3.9)의 모든 해가 지수함수들이거나 아니면 지수함수들에 의하여 구성된다는 점이다.

먼저 2계 미분방정식

$$ay''+by'+cy=0 \tag{3.10}$$

의 해를 구하는 방법에 대해서 생각해 보자. 우선 지수함수 $y=e^{mx}$가 식 (3.10)의 해라고 한다면 $y'=me^{mx}$이고 $y''=m^2e^{mx}$이므로 식 (3.10)으로부터

$$am^2e^{mx}+bme^{mx}+ce^{mx}=0 \quad \text{또는} \quad (am^2+bm+c)e^{mx}=0$$

을 얻는다. 그런데 모든 실수 $x$에 대하여 $e^{mx}\neq 0$이므로 지수함수 $y=e^{mx}$가 방정식 (3.10)의 해가 될 수 있는 유일한 방법은 $m$이 2차방정식

$$am^2+bm+c=0 \tag{3.11}$$

의 근이 되어야 한다는 것이다. 우리는 방정식 (3.11)을 가리켜서 미분방정식 (3.10)의 **보조방정식**(auxiliary equation) 또는 **특성방정식**(characteristic equation)이라 한다.

이제 우리는 보조방정식 (3.11)이 서로 다른 두 실수근을 갖는 경우, 하나의 중근을 갖는 경우 그리고 두 개의 공액복소수근을 갖는 경우 등 모두 3가지 경우에 대한 해를 구하여 보자.

경우 Ⅰ : 서로 다른 두 실수근을 갖는 경우 보조방정식 (3.11)이 서로 다른 두 실수

근 $m_1$과 $m_2$를 갖는다고 한다면, $y_1=e^{m_1x}$과 $y_2=e^{m_2x}$가 식 (3.10)의 해가 된다. 또한 이 함수들은 구간 $(-\infty, \infty)$에서 선형독립이 되므로 $\{e^{m_1x}, e^{m_2x}\}$은 방정식 (3.10)의 기본해집합이 된다. 그러므로 구간 $(-\infty, \infty)$에서 미분방정식 (3.10)의 일반해는

$$y=c_1e^{m_1x}+c_2e^{m_2x} \tag{3.12}$$

이다.

경우 II : 중복근을 갖는 경우 보조방정식 (3.11)이 중근을 갖는 경우, 즉 식 (3.11)에서 $b^2-4ac=0$인 경우에는 근은 $m=-\dfrac{b}{2a}$이다. 이 경우에 $y_1=e^{mx}$이 식 (3.10)의 한 해라는 사실은 자명하다. 이제 $y_1=e^{mx}$와 선형독립인 제 2의 해를

$$y_2=u(x)y_1=u(x)e^{mx} \quad (u(x) : \text{미지의 함수})$$

이라 놓고 이것을 식 (3.10)에 대입하여 풀면

$$u(x)=\int\frac{e^{2mx}}{e^{2mx}}dx=\int dx=x$$

임을 알 수 있다. 따라서 우리가 구하고자 하는 미분방정식 (3.10)의 제 2의 해는

$$y_2=u(x)y_1=xe^{mx} \tag{3.13}$$

이다. 그러므로 방정식 (3.10)의 일반해는

$$y=c_1e^{mx}+c_2xe^{mx}=(c_1+c_2x)e^{mx}\left(m=-\frac{b}{2a}\right) \tag{3.14}$$

이다.

경우 III : 공액복소수를 두 근으로 갖는 경우 만약 $m_1$과 $m_2$가 보조방정식 (3.11)의 두 복소수 근이라 하면 $m_1=\alpha+i\beta$이고 $m_2=\alpha-i\beta$인 두 실수 $\alpha$와 $\beta>0$가 존재한다. 이러한 경우에는 형식적으로는 첫 번째 경우와 아무런 차이가 없어서 일반해를

$$y=c_1e^{(\alpha+i\beta)x}+c_2e^{(\alpha-i\beta)x}$$

로 쓸 수 있다. 그러나 복소수 지수를 갖는 함수로 표현되는 해보다는 실함수로 표현되는 해가 실용적인 면에서 더 효율적이다. 이를 위하여 오일러(Euler)공식

$$e^{i\theta}=\cos\theta+i\sin\theta\ (\theta\in\mathbb{R})$$

를 이용하면

$$e^{i\beta x}=\cos\theta+i\sin\theta \quad \text{이고} \quad e^{-i\beta x}=\cos\theta-i\sin\theta \tag{3.15}$$

이다. 따라서

$$e^{i\beta x}+e^{-i\beta x}=2\cos\beta x \quad \text{이고} \quad e^{i\beta x}-e^{-i\beta x}=2i\sin\beta x$$

이다. 앞에서 우리는 임의의 상수 $c_1$과 $c_2$에 대하여 $y=c_1e^{(\alpha+i\beta)x}+c_2e^{(\alpha-i\beta)x}$가 식 (3.10)의 해라는 사실을 알았으므로 $c_1=c_2=1$로 선택하고 $c_1=1$, $c_2=-1$로 선택하면 두 해

$$y_1=e^{(\alpha+i\beta)x}+e^{(\alpha-i\beta)x} \quad \text{와} \quad y_2=e^{(\alpha+i\beta)x}-e^{(\alpha-i\beta)x}$$

를 얻는다. 그런데

$$y_1=e^{\alpha x}(e^{i\beta x}+e^{-i\beta x})=2e^{\alpha x}\cos\beta x$$

이고

$$y_2=e^{\alpha x}(e^{i\beta x}-e^{-i\beta x})=2ie^{\alpha x}\sin\beta x$$

이다. 여기서 따름정리 3.4를 적용하면 두 실함수 $e^{\alpha x}\cos\beta x$와 $e^{\alpha x}\sin\beta x$가 모두 방정식 (3.10)의 해임을 알 수 있다. 또한 이 함수들은 구간 $(-\infty, \infty)$에서 선형독립이라는 사실을 론스키안판정법(정리 3.2)을 통하여 쉽게 알 수 있다. 그러므로 식 (3.10)에 대하여 $\{e^{\alpha x}\cos\beta x,\ e^{\alpha x}\sin\beta x\}$가 구간 $(-\infty, \infty)$에서 기본해집합이고 일반해는

$$\begin{aligned} y&=c_1e^{\alpha x}\cos\beta x+c_2e^{\alpha x}\sin\beta x \\ &=e^{\alpha x}(c_1\cos\beta x+c_2\sin\beta x) \end{aligned} \tag{3.16}$$

이다.

【예제 1】 다음 방정식들의 일반해를 구하여라.

(1) $2y''-5y'-3y=0$

(2) $y''-12y'+36y=0$

(3) $y''+y'+y=0$

풀이 주어진 방정식들에 대한 보조방정식으로부터 근을 구하여 해를 구하면 그 결과는 다음과 같다.

(1) 보조방정식 : $2m^2-5m-3=(2m+1)(m-3)$

보조방정식의 근 : $m_1=-\frac{1}{2}$, $m_2=3$

일반해 : $y=c_1e^{-\frac{x}{2}}+c_2e^{3x}$

(2) 보조방정식 : $m^2-12m+36=0$

보조방정식의 근 : $m_1=m_2=6$

일반해 : $y=c_1e^{6x}+c_2xe^{6x}$

(3) 보조방정식 : $m^2+m+1=0$

보조방정식의 근 : $m_1=-\frac{1}{2}+\frac{\sqrt{3}}{2}i$, $m_2=-\frac{1}{2}-\frac{\sqrt{3}}{2}i$

일반해 : $y=e^{-\frac{x}{2}}\left(c_1\cos\frac{\sqrt{3}}{2}x+c_2\sin\frac{\sqrt{3}}{2}x\right)$ □

【예제 2】 다음 초기값문제를 풀어라.

$$y''-4y'+13y=0,\ y(0)=-1,\ y'(0)=2$$

풀이 주어진 미분방정식의 보조방정식은 $m^2-4m+13=0$이고 그 근은 $m_1=2+3i$과 $m_2=2-3i$이다. 그러므로 일반해는

$$y=e^{2x}(c_1\cos 3x+c_2\sin 3x)$$

이다. 여기에 초기조건 $y(0)=-1$을 대입하면 $-1=e^0(c_1\cos 0+c_2\sin 0)=c_1$이므로 $c_1=-1$이다. 이제 식 $y=e^{2x}(-\cos 3x+c_2\sin 3x)$를 미분한 다음 조건 $y'(0)=2$를 대입하면 $c_2=\frac{4}{3}$를 얻는다. 그러므로 주어진 초기값문제의 해는

$$y=e^{2x}\left(-\cos 3x+\frac{4}{3}\sin 3x\right)$$

이다. □

임의로 주어진 실수 $k>0$에 대하여 두 미분방정식

$$y''+k^2y=0 \quad \text{과} \quad y''-k^2y=0$$

은 응용수학에서 매우 중요한 의미를 갖는다. 첫 번째 미분방정식은 그 보조방정식이 $m^2+k^2=0$으로서 두 허근 $m_1=ki$와 $m_2=-ki$를 갖기 때문에

$$y=c_1\cos kx+c_2\sin kx \tag{3.17}$$

를 일반해로 갖는다. 반면에 두 번째 미분방정식은 보조방정식이 $m^2-k^2=0$으로서 서로 다른 두 실수근 $m_1=k$와 $m_2=-k$를 갖는다. 따라서 일반해가

$$y=c_1e^{kx}+c_2e^{-kx} \tag{3.18}$$

이다. 식 (3.18)에서 $c_1=c_2=\frac{1}{2}$로 택하고 또한 $c_1=\frac{1}{2}$, $c_2=-\frac{1}{2}$로 택하면 두 개의 특수해

$$y_1=\frac{e^{kx}+e^{-kx}}{2}=\cosh x \quad \text{와} \quad y_2=\frac{e^{kx}-e^{-kx}}{2}=\sinh x$$

를 얻는다. 두 함수 $\cosh kx$와 $\sinh kx$는 서로 선형독립이기 때문에 미분방정식

$$y''-k^2y=0$$

에 대한 일반해를

$$y=c_1\cosh kx+c_2\sinh kx$$

와 같이 다른 형태로 표현할 수도 있다.

이제부터는 상수 계수를 갖는 3계 이상의 미분방정식에 대한 해법을 알아 보도록 하자. 일반적으로 $n$개의 주어진 실수 $a_1$, $a_2$, $\cdots$, $a_n(\neq 0)$에 대해서 $n$계 제차 선형미분방정식

$$a_n y^{(n)} + a_{n-1} y^{(n-1)} + \cdots + a_2 y'' + a_1 y' + a_0 y = 0 \tag{3.19}$$

의 해를 구하기 위해서는 보조방정식

$$a_n m^n + a_{n-1} m^{n-1} + \cdots + a_2 m^2 + a_1 m + a_0 = 0 \tag{3.20}$$

의 근을 구해야 한다. 만일 보조방정식 (3.20)이 모두 서로 다른 $n$개의 실수근 $m_1, m_2, \cdots, m_n$을 갖는다면 미분방정식 (3.19)의 일반해는

$$y = c_1 e^{m_1 x} + c_2 e^{m_2 x} + \cdots + c_n e^{m_n x}$$

이다. 그런데 보조방정식 (3.20)이 중복근을 갖거나 복소수근을 갖는 경우에는 3계 이상의 미분방정식에서는 2계 미분방정식에서보다 훨씬 복잡해진다. 왜냐하면 보조방정식이 3차 이상의 방정식으로 주어지면 그 근들에 대한 경우의 수가 좀더 복잡해지기 때문이다. 예를 들어서 5차 다항방정식을 생각한다면 그 방정식은 5개의 서로 다른 실수근을 갖는 경우, 3개의 서로 다른 실수근과 2개의 복소수근을 갖는 경우, 하나의 실수근과 4개의 복소수근을 갖는 경우 등으로 좀 더 복잡해진다.

여기서 우리가 알아 두어야 할 중요한 사실은 실수 $m_1$이 $n$차 보조방정식 (3.20)의 $k$중근인 경우에는 $k$개의 함수

$$e^{m_1 x},\ xe^{m_1 x},\ x^2 e^{m_1 x},\ \cdots,\ x^{k-1} e^{m_1 x}$$

이 미분방정식 (3.19)의 선형독립인 해가 되고 이들의 선형결합

$$c_1 e^{m_1 x} + c_2 x e^{m_1 x} c_3 x^2 e^{m_1 x} + \cdots + c_k x^{k-1} e^{m_1 x}$$

이 미분방정식 (3.19)의 일반해에 포함되어야 한다.

마지막으로 우리가 반드시 알아두어야 할 사실은 보조방정식 (3.20)이 복소수 $m_1 = \alpha + i\beta$를 $k$중근으로 갖는 경우에 공액복소수 $m_2 = \alpha - i\beta$도 보조방정식 (3.20)의 $k$중근이 된다는 점이다. 따라서 실수 계수를 갖는 2차 다항방정식은 기껏해야 2개의 복소수근을 가질 수 있다.

【예제 3】 다음 미분방정식의 일반해를 구하여라.

(1) $y''' + 3y'' - 4y = 0$

(2) $(D^5 - 2D^4 + D^3)y = 0$

풀이 (1) 주어진 미분방정식의 보조방정식은

$$m^3 + 3m^2 - 4 = (m-1)(m+2)^2 = 0$$

로서 하나의 실수근 $m_1 = 1$과 2중 실수근 $m_2 = m_3 = -2$를 갖는다. 그러므로 일반해는

$$y = c_1 e^x + (c_2 + c_3 x)e^{-2x}$$

이다.

(2) 주어진 미분방정식의 보조방정식은

$$m^5 - 2m^4 + m^3 = m^3(m-1)^2 = 0$$

로서 3중근 $m_1 = 0$과 2중근 $m_2 = 1$을 갖는다. 그러므로 일반해는

$$y = c_1 + c_2 x + c_3 x^2 + (c_4 + c_5 x)e^x$$

이다. □

【예제 4】 다음 초기값문제를 구하여라.

$$(D^3 - D^2)y = 0,\ x = 0,\ y = 0,\ Dy = 3,\ D^2 y = 2$$

풀이 주어진 미분방정식의 보조방정식은

$$m^3 - m^2 = m^2(m-1) = 0$$

으로서 하나의 실수근 $m_1 = 1$과 2중 실수근 $m_2 = m_3 = 0$을 갖는다. 그러므로 일반해는

$$y = c_1 + c_2 x + c_3 e^x$$

이므로, 구하고자 하는 초기값문제는 $x = 0$일 때 $y = 0$, $Dy = 3$, $D^2 y = 2$이면

$y=-2+x+2e^x$이다. □

【예제 5】 다음 미분방정식의 일반해를 구하여라.

$$y^{(4)}+2y''+y=0$$

풀이 주어진 미분방정식의 보조방정식은

$$m^4+2m^2+1=(m^2+1)^2=0$$

으로서 2개의 2중 복소수근 $m_1=m_2=i$와 $m_3=m_4=-i$를 갖는다. 따라서 주어진 방정식의 일반해를

$$y=(C_1+C_2x)e^{ix}+(C_3+C_4x)e^{-ix}$$

로 표현할 수도 있다. 그런데 여기서 **오일러방정식**을 적용하면

$$C_1e^{ix}+C_3e^{-ix}$$

은

$$c_1\cos x+c_3\sin x \ (c_1=C_1+C_3,\ c_3=i(C_1-C_3))$$

로 나타낼 수 있다. 마찬가지로

$$C_2xe^{ix}+C_4e^{-ix}$$

도

$$c_2x\cos x+c_4x\sin x \ (c_2=C_2+C_4,\ c_4=i(C_2-C_4))$$

형식으로 나타낼 수 있다. 그러므로 주어진 미분방정식의 일반해는

$$\begin{aligned} y&=c_1\cos x+c_2x\cos x+c_3\sin x+c_4x\sin x \\ &=(c_1+c_2x)\cos x+(c_3+c_4x)\sin x \end{aligned}$$

이다. □

예제 5는 주어진 미분방정식의 보조방정식이 중복된 복소수근을 갖는 경우에 대한 해가 어떻게 표현되는지를 나타내고 있다.

일반적으로 $m_1=\alpha+i\beta$가 주어진 보조방정식의 $k$중근이면 공액복소수 $m_2=\alpha-i\beta$도 보조방정식의 $k$중근이 되어야 한다. 이로 인하여 $2k$개의 복소함수해

$$e^{(\alpha+i\beta)x},\ xe^{(\alpha+i\beta)x},\ x^2e^{(\alpha+i\beta)x},\ \cdots,\ x^{k-1}e^{(\alpha+i\beta)x}$$
$$e^{(\alpha-i\beta)x},\ xe^{(\alpha-i\beta)x},\ x^2e^{(\alpha-i\beta)x},\ \cdots,\ x^{k-1}e^{(\alpha-i\beta)x}$$

를 얻게 되는데 여기에 오일러공식을 적용하면 선형독립인 $2k$개의 실함수해

$$e^{\alpha x}\cos\beta x,\ xe^{\alpha x}\cos\beta x,\ x^2e^{\alpha x}\cos\beta x,\ \cdots,\ x^{k-1}e^{\alpha x}\cos\beta x$$
$$e^{\alpha x}\sin\beta x,\ xe^{\alpha x}\sin\beta x,\ x^2e^{\alpha x}\sin\beta x,\ \cdots,\ x^{k-1}e^{\alpha x}\sin\beta x$$

를 얻는다. 예제 5는 $k=2$, $\alpha=0$이고 $\beta=1$인 경우에 해당한다.

【예제 6】 다음 미분방정식의 일반해를 구하여라.

$$(D^6+6D^4+9D^2)y=0$$

풀이 주어진 미분방정식의 보조방정식은

$$m^6+6m^4+9m^2=m^2(m^4+6m^2+9)=0$$

으로서 중근 $m=0$과 2개의 2중 복소수근 $m=\sqrt{3}\,i$와 $m=-\sqrt{3}\,i$를 갖는다. 따라서 주어진 미분방정식의 일반해는

$$y=c_1+c_2x+(c_3+c_4x)\cos\sqrt{3}\,x+(c_5+c_6x)\sin\sqrt{3}\,x$$

이다. □

【예제 7】 다음 미분방정식을 구하여라.

$$(D^2+9)y=0;\ x=\frac{\pi}{6},\ y=2,\ Dy=0$$

풀이 주어진 미분방정식의 보조방정식은

$$m^2+9=0$$

으로서 복소수근 $m=3i$와 $m=-3i$를 갖는다. 따라서 주어진 방정식의 일반해는

$$y=c_1\cos 3x+c_2\sin 3x$$

이므로 $x=\frac{\pi}{6}$일 때 $y=2$, $Dy=0$이면 $y=2\sin 3x$이다. □

## 연습문제(3.4)

1. 다음 미분방정식의 일반해를 구하여라.
   (1) $y''-36y=0$
   (2) $y''-3y'+2y=0$
   (3) $y''-10y'+25y=0$
   (4) $y''+4y'-y=0$
   (5) $3y''+y=0$
   (6) $2y''+2y'+y=0$
   (7) $(D^2-6D+9)y=0$
   (8) $(D^3+D^2)y=0$
   (9) $D^3y=Dy$
   (10) $(D^4-D^3-7D^2+3D)y=0$

2. 다음 미분방정식의 일반해를 구하여라.
   (1) $y'''-y=0$
   (2) $y'''+3y''-4y'-12y=0$
   (3) $y'''-y''-4y=0$
   (4) $y'''-6y''+12y'-8y=0$
   (5) $y^{(4)}-2y''+y=0$
   (6) $y^{(4)}-7y''-18y=0$
   (7) $2y^{(5)}-7y^{(4)}+12y'''+8y''=0$
   (8) $y'''-4y''-5y'=0$
   (9) $(D^3-2D^2+D)y=0$
   (10) $(D^3+D^2-2D)y=0$
   (11) $D(D^2-4D+5)y=0$
   (12) $(D^4+D^3+D^2)y=0$
   (13) $(D^4+D^2)y=0$
   (14) $(D^6+6D^4+9D^2)y=0$

3. 다음 초기값 문제를 풀어라.
   (1) $y''+16y=0$, $y(0)=2$, $y'(0)=-2$
   (2) $y''-4y'-5y=0$, $y(1)=0$, $y'(1)=2$

(3) $y''' + 12y'' + 36y' = 0$, $y(0) = 0$, $y'(0) = 1$, $y''(0) = -7$

(4) $(D^2 + D + 2)y = 0$, $x = 0$, $y = 0$, $Dy = 0$

(5) $(D^2 + 2D + 2)y = 0$, $x = 0$, $y = 0$, $Dy = 1$

(6) $(D^3 + 2D^2 - 5D - 6)y = 0$, $x = 0$, $y = 0$, $Dy = 0$, $D^2y = 1$

4. 다음 경계값문제를 풀어라.

(1) $y'' - 10y' + 25y = 0$, $y(0) = 1$, $y(1) = 0$

(2) $y'' + 4y = 0$, $y(0) = 0$, $y(\pi) = 0$

(3) $y'' + y = 0$, $y'(0) = 0$, $y'\left(\frac{\pi}{2}\right) = 2$

(4) $y'' - 2y' + 2y = 0$, $y(0) = 1$, $y'(\pi) = 1$

(5) $y'' - 3y = 0$, $y(0) = 1$, $y'(0) = 5$

## 3.5 비제차선형방정식

비제차 선형미분방정식

$$a_n(x)\frac{d^ny}{dx^n}+a_{n-1}(x)\frac{d^{n-1}y}{dx^n}+\cdots+a_1(x)\frac{dy}{dx}+a_0(x)y=g(x) \tag{3.21}$$

에 대해서 임의의 상수가 포함되어 있지 않은 임의의 해 $y_p$를 가리켜서 특수해라 한다. 예를 들면 상수함수 $y_p=3$은 비제차방정식 $y''+9y=27$에 대한 특수해에 해당한다. 이제 $y_1$, $y_2$, $\cdots$, $y_k$가 구간 $I$에서 제차방정식

$$a_n(x)\frac{d^ny}{dx^n}+a_{n-1}(x)\frac{d^{n-1}y}{dx^n}+\cdots+a_1(x)\frac{dy}{dx}+a_0(x)y=0 \tag{3.22}$$

의 해이고 $y_p$가 구간 $I$에서 비제차방정식 (3.21)의 특수해이면 이들의 선형결합

$$y=c_1y_1(x)+c_2y_2(x)+\cdots+c_ky_k(x)+y_p\ (c_1,\ \cdots,\ c_k\in\mathbb{R}) \tag{3.23}$$

도 비제차방정식 (3.21)의 해임을 알 수 있다.

**정리 3.8 (비제차 선형방정식의 일반해)** 구간 $I$에서 $n$개의 함수들의 집합 $\{y_1,\ y_2,\ \cdots,\ y_n\}$이 방정식 (3.22)의 기본해집합이고 $y_p$가 구간 $I$에서 비제차 선형방정식 (3.21)의 특수해라 하자. 그러면 구간 $I$에서 비제차 방정식 (3.21)의 일반해는

$$y=c_1y_1(x)+c_2y_2(x)+\cdots+c_ny_n(x)+y_p\ (c_1,\ \cdots,\ c_n\in\mathbb{R})$$

이다.

정리 3.8에서 비제차 방정식 (3.21)의 일반해는

$$y=c_1y_1(x)+c_2y_2(x)+\cdots+c_ny_n(x)+y_p(x)\ (c_1,\ \cdots,\ c_n\in\mathbb{R})$$

이다.

제차 방정식의 일반해

$$y_h(x)=c_1y_1(x)+c_2y_2(x)+\cdots+c_ny_n(x)\ \ (c_1,\ \cdots,\ c_n\in\mathbb{R}) \tag{3.24}$$

를 비제차 방정식 (3.21)의 **제차해**(homogeneous solution) 또는 **보조해**(complementary solution)라 한다. 따라서 비제차 방정식 (3.21)의 일반해는 제차해 $y_h(x)$와 특수해 $y_p(x)$의 합

$$y=y_h(x)+y_p(x)$$

이다.

**【예제 1】** 함수 $y_p=-\frac{1}{2}x-\frac{11}{12}$이 비제차 선형미분방정식

$$\frac{d^3y}{dx^3}-6\frac{d^2y}{dx^2}+11\frac{dy}{dx}-6y=3x \tag{3.25}$$

의 특수해라는 것은 쉽게 알 수 있다. 여기서 미분방정식 (3.25)의 일반해를 구하려면 식 (3.25)에 대응하는 제차방정식

$$\frac{d^3y}{dx^3}-6\frac{d^2y}{dx^2}+11\frac{dy}{dx}-6y=0$$

의 일반해를 구해야 한다. 그런데 우리는 이미 3.3절의 예제 4에서 함수 $y_h=c_1e^x+c_2e^{2x}+c_3e^{3x}$가 구간 $(-\infty,\ \infty)$에서 구하는 일반해임을 알고 있다. 그러므로 식 (3.25)의 일반해는

$$y=y_h+y_p=c_1e^x+c_2e^{2x}+c_3e^{3x}-\frac{1}{2}x-\frac{11}{12}$$

이다.

비제차 선형미분방정식 $L(y)=g_1(x)$와 $L(y)=g_2(x)$의 특수해를 각각 $y_{p_1}(x)$, $y_{p_2}(x)$이라 하자. 이때 $y_p=y_{p_1}(x)+y_{p_2}(x)$라 하면

$$L(y_p)=L(y_{p_1}(x)+y_{p_2}(x))=L(y_{p_1}(x))+L(y_{p_2}(x))=g_1(x)+g_2(x)$$

이므로 $y_p$는 $L(y)=g_1(x)+g_2(x)$의 특수해임을 알 수 있다. 따라서 수학적귀납법에 의하여 다음 정리가 성립한다.

**정리 3.9 (비제차 선형방정식의 특수해)** 구간 $I$에서 연속인 $k$개의 함수 $g_1(x)$, $g_2(x)$, $\cdots$, $g_k(x)$에 대응하는 비제차 선형미분방정식

$$a_n(x)y^{(n)}+a_{n-1}(x)y^{(n-1)}+\cdots a_1(x)y'+a_0(x)y=g_i(x)\ (i=1,\ 2,\ \cdots,\ k) \tag{3.26}$$

에 대한 특수해를 각각 $y_{p_1}(x)$, $y_{p_2}(x)$, $\cdots$, $y_{p_k}(x)$라 하면 이들의 합

$$y_p=y_{p_1}(x)+y_{p_2}(x)+\cdots+y_{p_k}(x) \tag{3.27}$$

는 비제차 방정식

$$a_n(x)y^{(n)}+a_{n-1}(x)y^{(n-1)}+\cdots a_1(x)y'+a_0(x)y=g_1(x)+g_2(x)+\cdots g_k(x) \tag{3.28}$$

의 특수해이다.

【예제 2】 $y_{p_1}=-4x^2$은 방정식

$$y''-3y'+4y=-16x^2+24x-8$$

의 특수해이고 $y_{p_2}=e^{2x}$은 방정식

$$y''-3y'+4y=2e^{2x}$$

의 특수해이며 $y_{p_3}=xe^x$은

$$y''-3y'+4y=2xe^x-e^x$$

의 특수해이다. 그러므로 정리 3.9에 의하여, 함수

$$y=y_{p_1}+y_{p_2}+y_{p_3}=-4x^2+e^{2x}+xe^x$$

은 미분방정식

$$y''-3y'+4y=-16x^2+24x-8+2e^{2x}+2xe^x-e^x$$

의 특수해이다.

**[주의]** 각 $i=1, 2, \cdots, k$에 대하여 $y_{p_i}$가 식 (3.26)의 특수해이면, 임의의 상수 $c_1, c_2, \cdots, c_k$에 대해서 선형결합

$$y_p=c_1y_{P_1}+c_2y_{p_2}+\cdots+c_ky_{p_k}$$

가 방정식

$$\begin{aligned}a_n(x)y^{(n)}+a_{n-1}(x)y^{(n-1)}+\cdots+a_1(x)y'+a_0(x)y\\=c_1g_1(x)+c_2g_2(x)+\cdots+c_kg_k(x)\end{aligned}$$

의 해임을 알 수 있다.

비제차 선형미분방정식

$$a_ny^{(n)}+a_{n-1}y^{(n-1)}+\cdots+a_1y'+a_0y=g(x) \tag{3.29}$$

의 해를 구하려면, 다음 두 가지를 시행해야 한다.

1. 먼저 식 (3.29)에 대한 제차해 $y_h(x)$를 구해야 한다.
2. 비제차 방정식 (3.29)에 대한 하나의 특수해 $y_p(x)$를 구한다.

그러면 식 (3.29)의 일반해는 $y=y_h+y_p$가 된다.

제차해 $y_h(x)$는 식 (3.29)에 대응하는 제차방정식

$$a_ny^{(n)}+a_{n-1}y^{(n-1)}+\cdots+a_1y'+a_0y=0$$

의 해이다. 우리는 이미 앞절에서 상수 계수를 갖는 이러한 종류의 제차방정식에 대한 해법을 배웠다. 이 절에서는 식 (3.29)에 대한 특수해를 구하는 방법 가운데 하나

의 방법을 소개하려고 한다. 이 방법에 놓인 기본 원리는 함수 $g(x)$를 구성하는 함수들을 보고 함수 $y_p$의 형태를 추측해 내는 것(표 3.1)이다.

**▮표 3.1▮ 비제차 방정식의 특수해**

| $g(x)$ | 특수해 $y_p$의 형태 |
|---|---|
| 1(임의의 상수) | $A$ |
| $5x+7$ | $Ax+B$ |
| $3x^2-2$ | $Ax^2+Bx+C$ |
| $x^3-2x+5$ | $Ax^3+Bx^2+Cx+D$ |
| $\cos 4x$ | $A\cos 4x+B\sin 4x$ |
| $\sin 5x$ | $A\cos 5x+B\sin 5x$ |
| $e^{7x}$ | $Ae^{7x}$ |
| $(5x-2)e^{3x}$ | $(Ax+B)e^{3x}$ |
| $x^2e^{3x}$ | $(Ax^2+Bx+C)e^{3x}$ |
| $e^{7x}\sin 4x$ | $e^{7x}(A\cos 4x+B\sin 4x)$ |
| $9x^2\cos 4x$ | $(Ax^2+Bx+C)\cos 4x+(Ex^2+Fx+G)\sin 4x$ |
| $xe^{3x}\cos 7x$ | $(Ax+B)e^{3x}\cos 7x+(Cx+D)e^{3x}\sin 7x$ |

유감스럽게도 이러한 방법을 사용하는 데에는 다음과 같은 한정된 범위 안에 있는 비제차 선형미분방정식 (3.29)에 국한된다.

- 계수 $a_n$, $a_{n-1}$, $\cdots$, $a_1$, $a_0$가 모두 상수이다.
- $g(x)$가 상수함수이거나, 다항함수, $e^{\alpha x}$와 같은 지수함수, $\sin\beta x$, $\cos\beta x$와 같은 사인 코사인 함수 또는 이러한 함수들의 유한곱과 유한합으로 표현되어 있다.

다음은 위에서 언급한 함수 $g(x)$의 적절한 예들이다.

$$g(x)=10,\ g(x)=x^3-2x^2+10x-5,\ g(x)=9e^{-3x}+12x-7$$
$$g(x)=\sin 5x-2x\cos 3x,\ g(x)=e^{2x}\cos 7x+(2x^3-5)e^{-x},\ \cdots$$

즉, 함수 $g(x)$는 다음과 같은 함수들의 선형결합으로 표현된 것이다.

$$k(\text{상수}),\ x^n,\ x^n e^{\alpha x},\ x^n e^{\alpha x}\cos\beta x,\ x^n e^{\alpha x}\sin\beta x$$

식 (3.29)의 특수해를 구하는 데에 있어서 다음과 같이 주어진 함수 $g(x)$에 대해서는 미정계수법을 적용하기에 곤란하다.

$$g(x)=\ln x,\ g(x)=\frac{1}{x},\ g(x)=\tan x,\ g(x)=\sin^{-1}x,\ \cdots$$

위와 같은 함수 $g(x)$를 갖는 식 (3.29)의 해를 구하는 방법은 8절에서 논의된다.

상수함수, 다항함수, 지수함수 $e^{\alpha x}$, $\sin\beta x$, $\cos\beta x$와 같은 함수들은 이들의 합과 곱의 미분이 다시 이러한 함수들의 곱과 합으로 표현되는 특성을 지니고 있다. 미분(도함수)들의 선형결합

$$a_n y_p^{(n)} + a_{n-1} y_p^{(n-1)} + \cdots + a_1 y_p' + a_0 y_p$$

가 $g(x)$와 일치하려면 $y_p$는 $g(x)$와 같은 유형으로 표현되어야 한다고 생각하는 것이 타당하다. 이와 같이 특수해 $y_p$를 구하는 방법을 **미정계수법**(method of undetermined coefficients)이라 한다.

【예제 3】 다음 미분방정식을 풀어라.

$$y'' + 4y' - 2y = 2x^2 - 3x + 6 \tag{3.30}$$

풀이 **1**단계 : 먼저 제차방정식 $y''+4y'-2y=0$의 일반해를 구해야 한다. 이 미분방정식에 대한 보조방정식 $m^2+4m-2=0$의 두 근이 $m_1=-2+\sqrt{6}$이고 $m_2=-2-\sqrt{6}$이므로 제차해는

$$y_h = c_1 e^{-(2+\sqrt{6})x} + c_2 e^{(-2+\sqrt{6})x}$$

이다.

**2**단계 : 함수 $g(x)$가 $2x^2-3x+6$이므로 식 (3.30)의 특수해를

$$y_p = Ax^2 + Bx + C\ (A,\ B,\ C : \text{상수})$$

로 놓고 $A$, $B$, $C$를 구해 보자.

$$y_p' = 2Ax + B, \; y_p'' = 2A$$

이므로 식 (3.30)으로부터 다음 식을 얻는다.

$$\begin{aligned} 2x^2 - 3x + 6 &= y_p'' + 4y_p' - 2y_p \\ &= 2A + 8Ax + 4B - 2Ax^2 - 2Bx - 2C \end{aligned}$$

이로부터 다음 관계가 성립해야 한다는 것을 알 수 있다.

$$-2A = 2, \; 8A - 2B = -3, \; 2A + 4B - 2C = 6$$

이 식들을 풀면 $A = -1$, $B = -\dfrac{5}{2}$, $C = -9$이므로 식 (3.30)의 특수해는

$$y_p = -x^2 - \frac{5}{2}x - 9$$

이다.

**3**단계 : 주어진 비제차 미분방정식 (3.30)의 일반해는

$$y = y_h + y_p = c_1 e^{-(2+\sqrt{6})x} + c_2 e^{(-2+\sqrt{6})x} - x^2 - \frac{5}{2}x - 9$$

이다. □

【예제 4】 방정식 $(D^2 - D - 2)y = 6e^x$의 특수해를 구하여라.

풀이 함수 $g(x)$는 $6e^x$이므로 주어진 미분방정식의 특수해를 $y_p = Ae^x$라 하자. 그러면

$$y_p' = y_p'' = Ae^x$$

이므로 다음 식을 얻는다.

$$Ae^x - Ae^x - 2Ae^x = 6e^x$$

따라서 $A = -3$이므로 주어진 방정식의 특수해는 $y_p = -3e^x$이다.

【예제 5】 방정식 $y'' - y' + y = 2\sin 3x$의 특수해를 구하여라.

풀이 주어진 미분방정식의 특수해를 $y_p = A\sin 3x$로 간주하는 것이 당연하다고 생각

할지 모른다. 그러나 $\sin 3x$를 연속적으로 미분해 보면 $\sin 3x$와 $\cos 3x$가 반복적으로 나타난다. 따라서 특수해를

$$y_p = A\cos 3x + B\sin 3x$$

라고 가정하는 것이 타당하다. $y_p$가 주어진 방정식의 해가 되어야 하므로

$$2\sin 3x = y_p'' - y_p' + y_p = (-8A - 3B)\cos 3x + (3A - 8B)\sin 3x$$

이다. 이로부터 연립방정식

$$\begin{cases} -8A - 3B = 0 \\ \ \ 3A - 8B = 2 \end{cases}$$

을 얻고, 이 식을 풀면 $A = \dfrac{6}{73}$이고 $B = -\dfrac{16}{73}$이므로 주어진 미분방정식의 특수해는

$$y_p = \frac{6}{73}\cos 3x - \frac{16}{73}\sin 3x$$

이다. □

【예제 6】 다음 미분방정식의 일반해를 구하여라.

$$y'' - 2y' - 3y = 6xe^{2x} + 4x - 5 \tag{3.31}$$

풀이 **1**단계 : 우선 제차방정식 $y'' - 2y' - 3y = 0$의 일반해가 $y_h = c_1 e^{-x} + c_2 e^{3x}$라는 사실은 쉽게 알 수 있다.

**2**단계 : 여기서 $g_1(x) = 6xe^{2x}$, $g_2(x) = 4x - 5$라 놓고

$$y'' - 2y' - 3y = g_1(x)$$

의 특수해 $y_{p_1}$과

$$y'' - 2y' - 3y = g_2(x)$$

의 특수해 $y_{p_2}$를 구하도록 하자. 그러면 식 (3.31)의 특수해는 $y_p = y_{P_1} + y_{P_2}$가 된다. 그런데 $xe^{2x}$을 미분하면 $2xe^{2x}$과 $e^{2x}$의 합으로 표현되므로 특수해 $y_{p_1}$은

$xe^{2x}$과 $e^{2x}$을 포함해야 하므로 $y_{p_1}=Axe^{2x}+Be^{2x}$으로 표현된다고 보아야 한다. 또한 $g_2(x)=4x-5$이므로 특수해 $y_{p_2}$는 $y_{p_2}=Cx+D$형식으로 표현되는 것이 타당하다. 그러므로 식 (3.31)의 특수해는

$$y_p=y_{p_1}+y_{P_2}=Axe^{2x}+Be^{2x}+Cx+D$$

가 되어야 한다. 이를 식 (3.31)에 대입하면

$$\begin{aligned}6xe^{2x}+4x-5&=y_p''-2y_p'-3y_p\\&=-3Axe^{2x}+(2A-3B)e^{2x}-3Cx-(2C+3D)\end{aligned} \tag{3.32}$$

이다. 이로부터 다음 미분방정식을 얻는다.

$$-3A=6,\ 2A-3B=0,\ -3C=4,\ 2C+3D=5$$

따라서 $A=-2,\ B=-\dfrac{4}{3},\ C=-\dfrac{4}{3},\ D=\dfrac{23}{9}$이고

$$y_p=-2xe^{2x}-\frac{4}{3}e^{2x}-\frac{4}{3}x+\frac{23}{9}$$

이다.

**3단계** : 주어진 미분방정식 (3.31)의 일반해는

$$y=y_h+y_p=c_1e^{-1}+c_2e^{3x}-\left(2x+\frac{4}{3}\right)e^{2x}-\frac{4}{3}x+\frac{23}{9}$$

이다. □

【예제 7】 다음 미분방정식의 일반해를 구하여라.

$$(D-a)^2y=2e^{ax} \tag{3.33}$$

풀이 우선 보조해 $y_c$를 구하면

$$y_c=(c_1+c_2x)e^{ax}$$

이다. 먼저 $y_p=Ae^{ax}$라 하고 이를 식 (3.33)에 대입하면 $0=2e^{ax}$가 되어 모순이 생긴다. 이는 $y_p$가 보조해 $y_c$에 있는 첫 번째 항과 같은 모양이기 때문이다. 이

제 보조해에 있는 항과 다른 형태인 $y_p = Ax^2e^{ax}$라 하고 이를 식 (3.33)에 대입하면 $2Ae^{ax} = 2e^{ax}$가 되어 $A=1$이 된다. 따라서 특수해는 $y_p = x^2e^{ax}$이고 주어진 미분방정식의 일반해는

$$y = y_c + y_p = (c_1 + c_2x)e^{ax} + x^2e^{ax}$$

이다. □

## 연습문제(3.5)

1. 다음에서 주어진 매개변수함수가 명시된 구간에서 주어진 미분방정식의 일반해임을 증명하여라.

   (1) $y'' + y = \sec x$,

   $y = c_1\cos x + c_2\sin x + (\cos x)\ln(\cos x)$, $(-\pi/2, \pi/2)$

   (2) $2x^2y'' + 5xy' + y = x^2 - x$,

   $y = c_1x^{-1/2} + c_2x^{-1} + \frac{1}{15}x^2 - \frac{1}{6}x$, $(0, \infty)$

2. (1) 함수 $y_1 = 3e^{2x}$과 $y_2 = x^2 + 3x$가 각각 미분방정식 $y'' - 6y' + 5y = -9e^{2x}$과 $y'' - 6y' + 5y = 5x^2 + 3x - 16$의 특수해임을 보여라.

   (2) (1)의 내용을 이용하여 방정식 $y'' - 6y' + 5y = e^{2x} - 10x^2 - 6x + 32$의 특수해를 구하여라.

3. 다음 주어진 비제차 방정식에 대한 특수해와 대응하는 제차방정식에 대한 기본해 집합이 주어져 있다. 먼저 주어진 비제차 방정식의 일반해를 구하고 주어진 초기값 조건을 만족하는 해를 구하여라.

   (1) $\begin{cases} y''' + 2y'' + 5y' = -5x^2 + 6x + 2, \\ y_p = -\frac{1}{3}x^3 + x^2,\ \{1,\ e^{-x}\cos 2x,\ e^{-x}\sin 2x\}, \\ y(0) = -1,\ y'(0) = 1,\ y''(0) = -3 \end{cases}$

(2) $\begin{cases} x^3y''' + xy' - y = 3 - \ln x, \\ y_p = \ln x, \ \{x, \ x \ln x, \ x(\ln x)^2\}, \\ y(1) = y'(1) = 3, \ y''(1) = 0 \end{cases}$

4. 다음 미분방정식을 풀어라.

(1) $D(D+1)y = 4x$

(2) $(D^2+D)y = e^{-x}$

(3) $(D^2-2D+1)y = e^x + 3$

(4) $(D^2+4)y = \cos 2x$

(5) $(D^3+4D)y = 8\cos 2x + 4$

(6) $(D^2+4)y = x \sin 2x$

(7) $(D^2-2D+2)y = e^x \sin x$

(8) $(D^3-2D^2+5D)y = 10 + 15\cos 2x$

5. 다음 미분방정식을 풀어라.

(1) $(D^2+D-6)y = 2-12x, \ x=0, \ y=3, \ Dy=-7$

(2) $(D^2+4D+3)y = 8xe^x - 6, \ x=0, \ y=-\dfrac{11}{4}, \ Dy=\dfrac{1}{4}$

## 3.6 소멸 연산자를 이용한 미정계수법

우리는 1절에서 $D=\dfrac{d}{dx}$일 때 상수계수를 갖는 $n$계 선형미분방정식을

$$a_nD^ny+a_{n-1}D^{n-1}y+\cdots+a_1Dy+a_0y=g(x) \tag{3.34}$$

로 표현할 수 있다는 것을 배웠다. 여기서

$$L=a_nD^n+a_{n-1}D^{n-1}+\cdots+a_1D+a_0 \tag{3.35}$$

로 놓으면 $L$은 선형연산자(linear operator)이고 식 (3.34)을 $L(y)=g(x)$로 표현할 수 있다. 연산자 개념은 비제차 선형미분방정식의 특수해를 구하는 데 있어서 매우 유용한 도구로 쓰일 수 있다. 이러한 사실을 공부하기에 앞서서 다음 두 가지 개념에 대하여 알아둘 필요가 있다.

$a_n$, $a_{n-1}$, $\cdots$, $a_1$, $a_0$가 실수일 때 다항식 $a_nm^n+a_{n-1}m^{n-1}+\cdots+a_1m+a_0$이 인수분해된다면 선형미분연산자 (3.35)도 같은 방식으로 인수분해된다. 즉, $r_1$이 보조방정식

$$a_nm^n+a_{n-1}m^{n-1}+\cdots+a_1m+a_0=0$$

의 근이면 $L=(D-r_1)P(D)$ ($P(D)$는 $n-1$계 선형미분연산자)로 쓸 수 있다. 예를 들면 $D^2+5D+6$은 $(D+2)(D+3)$ 또는 $(D+3)(D+2)$로 인수분해할 수 있다. 따라서 함수 $y=f(x)$가 2계 도함수를 가지면

$$(D^2+5D+6)y=(D+2)(D+3)y=(D+3)(D+2)y$$

이다. 이로부터 다음과 같은 일반적인 성질을 얻는다.

상수계수를 갖는 선형미분연산자의 인수분해 인자들은 서로 교환법칙이 성립한다.

이러한 성질에 의하여 미분방정식 $y''+4y'+4y=0$은

$$(D^2+4D+4)y=0,\ (D+2)(D+2)y=0 \text{ 또는 } (D+2)^2y=0$$

으로 나타낼 수 있다.

$L$이 상수 계수를 갖는 미분연산자이고 $f$가 충분히 여러 번 미분이 가능한 함수

로서

$$L(f(x))=0$$

일 때 $L$을 가리켜서 $f$의 소멸자(annihilator)라 한다. 예를 들면 상수함수 $f(x)=k$는 미분연산자 $D$에 대하여 $Dk=0$이므로 $D$는 $f(x)=k$의 소멸자에 해당한다. 또한 $D^2(x)=(x)''=0$이므로 $D^2$은 $f(x)=x$의 소멸자이다. 마찬가지로 $D^3x^2=0$이므로 $D^3$은 $f(x)=x^2$의 소멸자이다. 이로부터 다음과 같은 성질을 얻는다.

$n=1, 2, \cdots$에 대하여 $D^n$은 다음 함수들의 소멸자이다.

$$1,\ x,\ x^2,\ \cdots,\ x^{n-1} \tag{3.36}$$

위의 결과와 미분연산자 $D$가 선형이라는 사실에 의하여 다항함수

$$c_0+c_1x+c_2x^2+\cdots+c_{n-1}x^{n-1} \tag{3.37}$$

는 $x$의 최고차의 멱 $x^{n-1}$을 소멸시키는 연산자에 의하여 소멸된다.

$n$계 선형미분연산자 $L$에 의하여 소멸되는 함수들은 제차 미분방정식 $L(y)=0$의 일반해로부터 얻어질 수 있는 함수들이다.

미분연산자 $(D-\alpha)^n$은 다음 함수들을 소멸시킨다.

$$e^{\alpha x},\ xe^{\alpha x},\ x^2e^{\alpha x},\ \cdots,\ x^{n-1}e^{\alpha x} \tag{3.38}$$

이 사실을 확인하려면 제차방정식 $(D-\alpha)^ny=0$의 보조방정식이 $(m-\alpha)^n=0$이라는 점에 주목하라. 수 $\alpha$가 $(m-\alpha)^n=0$의 $n$중근이므로 $(D-\alpha)^ny=0$의 일반해는

$$y=c_1e^{\alpha x}+c_2xe^{\alpha x}c_3x^2e^{\alpha x}\cdots+c_nx^{n-1}e^{\alpha x} \tag{3.39}$$

이다.

【예제 1】 주어진 함수들을 소멸시키는 미분연산자를 구하여라.

(1) $1-5x^2+8x^3$ (2) $e^{-3x}$ (3) $4e^{2x}-10xe^{2x}$

풀이 (1) 식 (3.36)에 의하여 $D^4x^3=0$이므로, 식 (3.37)에 의해서

$$D^4(1-5x^2+8x^3)$$

이다.

(2) 식 (3.38)에 의하여 $\alpha=-3$이고 $n=1$이므로

$$(D+3)e^{-3x}=0$$

이다.

(3) 식 (3.38)과 (3.39)에 의하여 $\alpha=2$이고 $n=2$이므로

$$(D-2)^2(4e^{2x}-10xe^{2x})=0$$

이다. □

$\alpha$와 $\beta$가 실수일 때 방정식 $[m^2-2\alpha m+(\alpha^2+\beta^2)]^n=0$은 두 복소수 $\alpha\pm i\beta$를 $n$중근으로 갖는다. 이로부터 다음과 같은 결과를 얻는다.

미분연산자 $[D^2-2\alpha D+(\alpha^2+\beta^2)]^n$은 다음 함수들에 대한 소멸자이다.

$$\begin{aligned} &e^{\alpha x}\cos\beta x,\ xe^{\alpha x}\cos\beta x,\ x^2e^{\alpha x}\cos\beta x,\ \cdots,\ x^{n-1}e^{\alpha x}\cos\beta x \\ &e^{\alpha x}\sin\beta x,\ xe^{\alpha x}\sin\beta x,\ x^2e^{\alpha x}\sin\beta x,\ \cdots,\ x^{n-1}e^{\alpha x}\sin\beta x \end{aligned} \tag{3.40}$$

【예제 2】 함수 $5e^{-x}\cos 2x-9e^{-x}\sin 2x$를 소멸시키는 미분연산자를 구하여라.

풀이 함수 $e^{-x}\cos 2x$와 $e^{-x}\sin 2x$에서 $\alpha=-1$이고 $\beta=2$임을 알 수 있다.
따라서 식 (3.40)에 의하여 $D^2+2D+5$가 이 함수들에 대한 소멸자임을 알 수 있다.
그런데 $D^2+2D+5$는 선형연산자이므로 $e^{-x}\cos 2x$와 $e^{-x}\sin 2x$의 선형결합인 $5e^{-x}\cos 2x-9e^{-x}\sin 2x$를 소멸시킨다. □

식 (3.40)의 특수한 경우로서 $\alpha=0$과 $n=1$로 선택하면

$$(D^2+\beta^2)(\cos\beta x)=0,\quad (D^2+\beta^2)(\sin\beta x)=0 \tag{3.41}$$

이다. 예를 들면, $D^2+16$은 $\sin 4x$와 $\cos 4x$의 소멸연산자이고 또한 이들의 선형결합 $c_1\sin 4x+c_2\cos 4x$도 소멸시킨다.

흔히 우리는 2개 이상의 함수들의 합을 소멸시킬 수 있는 소멸연산자를 찾아야

한다. 예제 3.27과 예제 3.28에서 보았듯이 $L$이 선형미분연산자로서 $L(y_1)=0$이고 $L(y_2)=0$이면 $L$은 $y_1$과 $y_2$의 선형결합 $c_1y_1+c_2y_2$를 소멸시킨다. 이제 $L_1$과 $L_2$가 모두 상수 계수를 갖는 선형미분연산자로서 $L_1$은 $y_1(x)$를 소멸시키고 $L_2$는 $y_2(x)$를 소멸시키지만 $L_1(y_2)\neq 0$이고 $L_2(y_1)\neq 0$이라 하자. 그러면 $L_1$과 $L_2$의 곱 $L_1L_2$는 선형결합 $c_1y_1(x)+c_2y_2(x)$를 소멸시킨다. 이는 $L_1$과 $L_2$의 선형성과 $L_1L_2=L_2L_1$이라는 사실로부터 알 수 있다.

$$
\begin{aligned}
L_1L_2(c_1y_1+c_2y_2) &= L_1L_2(c_1y_1)+L_1L_2(c_2y_2) \\
&= L_2L_1(c_1y_1)+L_1L_2(c_2y_2) \\
&= L_2[c_1L_1(y_1)]+L_1[c_2L_2(y_2)] \\
&= c_1L_2[0]+c_2L_1[0]=0
\end{aligned}
$$

예를 들면 식 (3.36)에 의하여 $D^2$은 $7-x$를 소멸시키고 식 (3.41)에 의하여 $D^2+16$은 $\sin 4x$를 소멸시킨다. 그러므로 $D^2(D^2+16)$은 $7-x+6\sin 4x$를 소멸시킨다.

**[주의]** 주어진 함수를 소멸시키는 소멸연산자는 유일하지 않다. 예를 들면 $D+3$이 $e^{-3x}$을 소멸시키는 연산자이지만 $D+3$을 하나의 인자로 갖는 고계의 미분연산자 즉, $(D+3)(D+1)$이나 $(D+3)^2$ 또는 $D^3(D+3)$ 등도 $e^{-3x}$을 소멸시키는 연산자라는 것을 알 수 있다. 결과적으로 어떤 주어진 함수 $y=f(x)$를 소멸시키는 연산자를 찾는 문제가 생겼을 때 우리는 계수가 가장 낮은 소멸연산자를 찾는 것이 중요하다.

함수 $g(x)$가 식 (3.36), (3.38) 그리고 (3.40)에서 주어진 유한개의 함수들의 곱과 합으로 이루어져 있다고 할 때, 즉 $g(x)$가 함수

$$k(\text{상수}),\ x^m,\ x^me^{\alpha x},\ x^me^{\alpha x}\cos\beta x,\ x^me^{\alpha x}\sin\beta x$$

등의 선형결합으로 이루어져 있을 때 상수 계수를 갖는 선형미분방정식

$$L(y)=g(x)$$

의 특수해를 구하는 문제를 생각해 보자.

함수 $g(x)$가 방금 언급한 그러한 형태의 함수일 때 $g(x)$는 연산자

$$D^n,\ (D-\alpha)^n,\ D^2-2\alpha D+\alpha^2+\beta^2$$

등의 곱으로 표현된 가장 낮은 계수를 갖는 어떤 적당한 미분연산자 $L_1$에 의하여 소멸될 수 있다는 사실을 알아야 한다. 연산자 $L_1$을 방정식 $L(y)=g(x)$의 양변에 작용시키면,

$$L_1L(y)=L_1(g(x))=0$$

이다. 따라서 고계 제차선형미분방정식 $L_1L(y)=0$의 해를 구함으로써 처음 주어진 비제차 방정식 $L(y)=g(x)$의 특수해 $y_p$의 형태를 알아낼 수 있다. 이제 추정되는 특수해 $y_p$를 주어진 방정식 $L(y)=g(x)$에 대입함으로써 정확한 특수해를 구할 수 있다. 특수해 $y_p$를 구하는 이러한 방식을 **소멸자에 의한 미정계수법**(method of undetermined coefficients by using annihilator)이라 한다.

【예제 3】 다음 미분방정식의 일반해를 구하여라.

$$y''+3y'+2y=4x^2 \tag{3.42}$$

풀이 **1단계** : 우선 제차방정식 $y''+3y'+2y=0$의 해를 구하자. 이 미분방정식의 보조방정식은 $m^2+3m+2=(m+1)(m+2)=0$으로서 두 실근 $m_1=-1$과 $m_2=-2$를 가지므로 제차방정식 $y''+3y'+2y=0$의 해는

$$y_h=c_1e^{-x}+c_2e^{-2x}$$

이다.

**2단계** : 함수 $g(x)=4x^2$은 미분연산자 $D^3$에 의하여 소멸되므로 미분방정식 $D^3(D^2+3D+2)y=4D^3x^2$은

$$D^3(D^2+3D+2)y=0 \tag{3.43}$$

와 같다. 식 (3.43)의 보조방정식

$$m^3(m^2+3m+2)=m^3(m+1)(m+2)=0$$

의 근이 $m_1=-1,\ m_2=-2,\ m_3=m_4=m_5=0$이므로 주어진 미분방정식 (3.43)

의 일반해는

$$y = c_1 e^{-x} + c_2 e^{-2x} + (c_3 + c_4 x + c_5 x^2) \tag{3.44}$$

이다. 식 (3.44)의 괄호안에 있는 부분이 방정식 (3.42)의 특수해에 해당한다. 즉, 식 (3.44)의 괄호안에 있는 상수 $c_3$, $c_4$, $c_5$를 $A$, $B$, $C$로 대체하면 식 (3.42)의 특수해의 형태는

$$y_p = A + Bx + Cx^2 \tag{3.45}$$

이다. 이제 식 (3.45)를 두 번 연속하여 미분하면

$$y_p' = B + 2Cx,\ y_p'' = 2C$$

이므로 식 (3.42)로부터

$$\begin{aligned} 4x^2 &= y_p'' + 3y_p' + 2y_p \\ &= 2Cx^2 + (2B + 6C)x + (2A + 3B + 2C) \end{aligned}$$

이다. 이로부터 방정식

$$2C = 4,\ 2B + 6C = 0,\ 2A + 3B + 2C = 0 \tag{3.46}$$

을 얻는다. 식 (3.46)을 풀면 $A = 7$, $B = -6$, $C = 2$임을 알 수 있다. 그러므로 식 (3.42)의 특수해는 $y_p = 2x^2 - 6x + 7$이다.

**3**단계 : 주어진 미분방정식 (3.42)의 일반해는 $y = y_h + y_p$ 즉,

$$y = c_1 e^{-x} + c_2 e^{-2x} + 2x^2 - 6x + 7$$

이다. □

**【예제 4】** 다음 미분방정식을 풀어라.

$$y'' - 3y' = 8e^{3x} + 4 \sin x \tag{3.47}$$

풀이 **1**단계 : 제차방정식 $y'' - 3y' = 0$의 해는 보조방정식이 $m^2 - 3m = m(m-3) = 0$이므로 $y_h = c_1 + c_2 e^{3x}$이다.

**2**단계 : $(D-3)e^{3x} = 0$이고 $(D^2+1)\sin x = 0$이므로 연산자 $(D-3)(D^2+1)$을

식 (3.47)의 양변에 작용시키면

$$(D-3)(D^2+1)(D^2-3D)y=0 \tag{3.48}$$

이다. 그런데 식 (3.48)의 보조방정식이

$$(m-3)(m^2+1)(m^2-3m)=0 \quad \text{또는} \quad m(m-3)^2(m^2+1)=0$$

이므로 주어진 미분방정식 (3.47)의 일반해는

$$y=c_1+c_2e^{3x}+(c_3xe^{3x}+c_4\cos x+c_5\sin x)$$

이다. 이 식의 괄호안에 있는 부분이 식 (3.47)의 특수해에 해당하는 형태이다. 여기서 상수 $c_3$, $c_4$, $c_5$를 각각 $A$, $B$, $C$로 대체하면 식 (3.47)의 특수해의 형태는

$$y_p=Axe^{3x}+B\cos x+C\sin x$$

이다. 이것을 식 (3.48)에 대입하면

$$\begin{aligned}8e^{3x}+4\sin x &= y_p''-3y_p' \\ &= 3Ae^{3x}+(-B-3C)\cos x+(3B-C)\sin x\end{aligned}$$

이다. 이로부터 방정식

$$3A=8,\ -B-3C=0,\ 3B-C=4$$

을 얻고 이 식들을 풀면 $A=\frac{8}{3}$, $B=\frac{6}{5}$, $C=-\frac{2}{5}$이다. 따라서

$$y_p=\frac{8}{3}xe^{3x}+\frac{6}{5}\cos x-\frac{2}{5}\sin x$$

이다.

**3**단계 : 주어진 미분방정식 (3.47)의 일반해는

$$y=y_h+y_p=c_1+c_2e^{3x}+\frac{8}{3}xe^{3x}+\frac{6}{5}\cos x-\frac{2}{5}\sin x$$

이다. □

【예제 5】 다음 미분방정식의 일반해를 구하여라.

$$y''+y=x\cos x-\cos x \tag{3.49}$$

풀이 **1**단계 : 주어진 미분방정식 (3.49)의 제차해는 $y_h=c_1\cos x+c_2\sin x$임을 쉽게 알 수 있다. 이제 함수 $\cos x$와 $x\cos x$를 식 (3.40)의 첫 번째 열에 있는 함수들과 비교하면 $\alpha=0$이고 $n=1$이므로 식 (3.49)의 우변에 있는 함수에 대한 소멸 연산자는 $(D^2+1)^2$임을 알 수 있다. 이 연산자를 주어진 미분방정식 (3.49)에 작용시키면

$$(D^2+1)^2(D^2+1)y=0 \quad \text{또는} \quad (D^2+1)^3y=0$$

이다. 이 제차방정식의 보조방정식에 대한 근은 복소수 $i$와 $-i$로서 모두 3중근이다. 따라서 식 (3.49)의 일반해는

$$y=c_1\cos x+c_2\sin x+c_3x\cos x+c_4x\sin x+c_5x^2\cos x+c_6x^2\sin x$$

이다. 여기서

$$y_p=Ax\cos x+Bx\sin x+Cx^2\cos x+Ex^2\sin x$$

를 식 (3.49)에 대입하면

$$\begin{aligned}x\cos x-\cos x&=y_p''+y_p\\&=4Ex\cos x-4Cx\sin x+(2B+2C)\cos x+(-2A+2E)\sin x\end{aligned}$$

이다. 이 식에서 계수들을 비교하면 방정식

$$4E=1,\ -4C=0,\ 2B+2C=-1,\ -2A+2E=0$$

이고 이 식들을 풀면 $A=\frac{1}{4}$, $B=-\frac{1}{2}$, $C=0$, $E=\frac{1}{4}$이다. 그러므로 주어진 미분방정식 (3.49)의 일반해는

$$y=c_1\cos x+c_2\sin x+\frac{1}{4}x\cos x-\frac{1}{2}x\sin x+\frac{1}{4}x^2\sin x$$

이다. □

【예제 6】 다음 미분방정식의 특수해의 형식을 정하라.

$$y'' - 2y' + y = 10e^{-2x}\cos x \tag{3.50}$$

풀이 주어진 미분방정식의 제차해는 $y_h = c_1 e^x + c_2 x e^x$이다. 이제 식 (3.50)의 우변에 있는 함수와 식 (3.40)에 있는 함수를 비교하면 $\alpha = -2$, $\beta = 1$이고 $n = 1$이므로

$$(D^2 + 4D + 5)e^{-2x}\cos x = 0$$

이다. 연산자 $D^2 + 4D + 5$를 식 (3.50)에 적용시키면

$$(D^2 + 4D + 5)(D^2 - 2D + 1)y = 0 \tag{3.51}$$

이다. 이 방정식의 보조방정식의 근은 $-2-i$, $-2+i$, 1(중근)이다. 그러므로 식 (3.50)의 일반해는

$$y = c_1 e^x + c_2 x e^x + (c_3 e^{-2x}\cos x + c_4 e^{-2x}\sin x)$$

이다. 그러므로 주어진 미분방정식 (3.50)의 특수해의 형식은

$$y_p = Ae^{-2x}\cos x + Be^{-2x}\sin x$$

이다. □

【예제 7】 다음 미분방정식의 특수해의 형식을 정하라.

$$y''' - 4y'' + 4y' = 5x^2 - 6x + 4x^2 e^{2x} + 3e^{5x} \tag{3.52}$$

풀이 주어진 미분방정식 (3.52)에 대한 제차방정식의 일반해는

$$y_h = c_1 + c_2 e^{2x} + c_3 x e^{2x}$$

이다. 그리고

$$D^3(5x^2 - 6x) = 0,\ (D-2)^3 x^2 e^{2x} = 0,\ (D-5)e^{5x} = 0$$

임에 유의하자. 따라서 연산자 $D^3(D-2)^3(D-5)$를 식 (3.52)에 시행하면

$$D^4(D-2)^5(D-5)y = 0$$

을 얻는다. 이 방정식에 대한 보조방정식의 근은 $m_1=0$(4중근), $m_2=2$(5중근), $m_3=5$이다. 그러므로 주어진 미분방정식 (3.52)의 일반해는

$$\begin{aligned} y = c_1 + c_2x + c_3x^2 + c_4x^3 + c_5e^{2x} + c_6xe^{2x} \\ + c_7x^2e^{2x} + c_8x^3e^{2x} + c_9x^4e^{2x} + c_{10}e^{5x} \end{aligned} \tag{3.53}$$

이다. 그런데 $c_1 + c_5e^{2x} + c_6xe^{2x}$은 주어진 미분방정식 (3.52)의 일반해에 해당한다. 따라서 주어진 미분방정식 (3.52)의 특수해의 형식은

$$y_p = Ax + Bx^2 + Cx^3 + Ex^2e^{2x} + Fx^3e^{2x} + Gx^4e^{2x} + He^{5x}$$

이다. □

함수 $g(x)$가 상수함수, 다항함수, 지수함수 $e^{\alpha x}$, 삼각함수 $\sin\beta x$, $\cos\beta x$의 유한곱과 유한합들로 이루어진 함수일 때 상수계수를 갖는 선형미분방정식 $L(y)=g(x)$의 일반해를 소멸자에 의한 미정계수법으로 구하는 방법은 다음과 같다.

1. 먼저 제차방정식 $L(y)=0$의 일반해 $y_h$를 구한다.
2. 함수 $g(x)$를 소멸시킬 수 있는 미분연산자 $L_1$을 구하여 비제차방정식 $L(y)=g(x)$의 양변에 작용시킨다.
3. 이제 제차미분방정식 $L_1L(y)=0$의 일반해를 구한다.
4. 3단계에서 구한 해에서 1단계에서 구한 해 $y_h$와 중복되는 부분을 제거한 다음에 나머지 항들로 구성된 함수들의 선형결합을 $L(y)=g(x)$의 특수해 $y_p$로 추정한다.
5. 4단계에서 추정한 특수해 $y_p$를 방정식 $L(y)=g(x)$에 대입한 다음에 계수비교를 통하여 $y_p$를 구한다.
6. 1단계에서 구한 제차해 $y_h$와 5단계에서 구한 특수해 $y_p$의 합 $y=y_h+y_p$가 주어진 방정식 $L(y)=g(x)$의 일반해이다.

[참고] 미정계수법은 상수 아닌 함수를 계수로 갖는 선형미분방정식에 적용할 수 없을 뿐만 아니라 상수계수를 갖는 선형미분방정식이라 할지라도 $g(x)$가

$$g(x)=\ln x,\ g(x)=\frac{1}{x},\ g(x)=\tan x,\ g(x)=\sin^{-1}x$$

등과 같은 함수들인 경우에도 적용할 수 없다. $g(x)$가 이러한 함수들인 경우에 대한 선형미분방정식의 특수해를 구하는 방법은 3.8절에서 다루어진다.

## 연습문제(3.6)

1. 소멸연산자를 이용한 미정계수법을 써서 주어진 미분방정식의 일반해를 구하여라.

(1) $2y''-7y'+5y=-29$ (2) $y'''+2y''+y'=10$

(3) $y''+3y'=4x-5$ (4) $y''-2y'+y=x^3+4x$

(5) $y''+2y'+2y=5e^{6x}$ (6) $y''+6y'+8y=3e^{-2x}+2x$

(7) $y''+4y=4\cos x+3\sin x-8$ (8) $y''+3y'-10y=x(e^x+1)$

(9) $(D^2+2D+1)y=x^2e^{-x}$ (10) $(D^2+25)y=20\sin x$

(11) $(D^2+D+1)y=x\sin x$ (12) $(D^2+4)y=\cos^2 x$

(13) $(D^3-3D^2+3D-1)y=e^x-x+16$ (14) $(D^4-2D^3+D^2)y=e^x+1$

2. 주어진 초기값 문제를 소멸연산자를 이용한 미정계수법를 써서 풀어라.

(1) $y''-64y=16,\ y(0)=1,\ y'(0)=0$

(2) $y''+y'=x,\ y(0)=1,\ y'(0)=0$

(3) $y''-5y'=x-2,\ y(0)=0,\ y'(0)=2$

(4) $y''+5y'-6y=10e^{2x},\ y(0)=y'(0)=1$

(5) $y''+y=8\cos 2x-4\sin x,\ y\left(\frac{\pi}{2}\right)=-1,\ y'\left(\frac{\pi}{2}\right)=0$

(6) $y'''-2y''+y'=xe^x+5,\ y(0)=y'(0)=2,\ y''(0)=-1$

(7) $y''-4y'+8y=x^3,\ y(0)=y'(0)=4$

(8) $y^{(4)}-y'''=e^x+x,\ y(0)=y'(0)=y''(0)=y'''(0)=0$

## 3.7 계수 줄이는 법

2계 제차선형미분방정식

$$a_2(x)y'' + a_1(x)y' + a_0(x)y = 0 \tag{3.54}$$

의 한 해가 구간 $I$에서 비자명해 $y_1(x)$가 주어져 있을 때 $y_1(x)$와 선형독립인 제 2의 해 $y_2(x)$를 $y_1(x)$를 이용하여 얻을 수 있다는 사실은 매우 흥미있다. 주어진 해 $y_1(x)$를 이용하여 제 2의 해 $y_2(x)$를 얻는 방법은 $y_2(x) = u(x)y_1(x)$를 방정식 (3.54)에 대입하였을 때 등식을 만족하도록 미지의 함수 $u(x)$를 구하는 것이다. 실제로 $y_2(x) = u(x)y_1(x)$에 포함된 함수 $u(x)$를 구하려면 1계선형미분방정식을 풀어야 하기 때문에 이러한 방식으로 제 2의 해를 구하는 방법을 **계수 줄이는 법**(reduction of order)이라 일컫는다.

【예제 1】 함수 $y_1 = e^x$은 구간 $(-\infty, \infty)$에서 방정식 $y'' - y = 0$의 해이다. 계수 줄이는 법을 활용하여 $y_1$과 선형독립인 제 2의 해 $y_2$를 구하여라.

풀이 $y(x) = u(x)y_1(x) = u(x)e^x$가 방정식 $y'' - y = 0$의 해라 하자. 그러면

$$y' = ue^x + u'e^x, \quad y'' = ue^x + 2u'e^x + u''e^x$$

이므로

$$0 = y'' - y = e^x(u'' + 2u') = 0$$

이다. 여기서 $e^x \neq 0$이므로 방정식

$$u'' + 2u' = 0$$

을 얻는다. 이제 $w(x) = u'(x)$라 놓으면 위의 방정식

$$w' + 2w = 0 \quad \text{또는} \quad \frac{dw}{dx} + 2w = 0$$

로 변환된다. 이 방정식은 변수분리형으로서 그 해를 구하면

$$\ln|w|+2x=c_1{}'$$
$$w=\pm e^{c_1{}'}e^{-2x}=c_1e^{-2x}\ (c_1=\pm e^{c_1{}'})$$

이다. 따라서 $u'=c_1e^{-2x}$이고 이것을 다시 적분하면,

$$u=-\frac{c_1}{2}e^{-2x}+c_2$$

이다. 그러므로

$$y(x)=u(x)y_1(x)=-\frac{c_1}{2}e^{-x}+c_2e^x\ (c_1,\ c_2:\text{임의의 상수}) \tag{3.55}$$

이다. 여기서 $c_2=0$과 $c_1=-2$로 택하면 $y_2=e^{-x}$이 우리가 구하려는 제 2의 한 해가 된다. 특히 모든 $x$에 대하여 $W(e^x,\ e^{-x})=-2\neq0$이므로 두 해 $y_1=e^x$과 $y_2=e^{-x}$은 구간 $(-\infty,\ \infty)$에서 선형독립이다. □

위의 예제에서 $c_1$과 $c_2$를 다르게 선택하면 제 2의 해 $y_2$를 다르게 얻을 수 있다. 실제로 $y_1=e^x$과 $y_2=e^{-x}$가 방정식 $y''-y=0$에 대한 선형독립인 해이므로 식 (3.55)에 나타난 함수는 미분방정식 $y''-y=0$의 일반해에 해당한다.

미분방정식 (3.54)에서 선두계수 함수 $a_2(x)$로 양변을 나누면 **표준형 방정식**

$$y''+P(x)y'+Q(x)y=0 \tag{3.56}$$

을 얻는다. 여기서 $P(x)$와 $Q(x)$는 모두 구간 $I$에서 연속이라 하자. 또한 $y_1(x)$가 구간 $I$에서 식 (3.56)의 주어진 한 해라 하고 모든 $x\in I$에 대해서 $y_1(x)\neq0$이라 하자. 이제 $y=u(x)y_1(x)$라 놓으면,

$$y'=uy_1{}'+u'y_1,\ y''=uy_1{}''+2y_1{}'u'+y_1u''$$

이므로

$$\begin{aligned}0=y''+Py'+Qy&=u[y_1{}''+Py_1{}'+Qy]+y_1u''+(2y_1{}'+Py_1)u'\\&=y_1u''+(2y_1{}'+Py_1)u'\end{aligned}$$

이다. 여기서 $w(x)=u'(x)$로 놓으면, 윗 식으로부터, 1계 제차선형 방정식

$$y_1 w' + (2y_1' + Py_1)w = 0 \tag{3.57}$$

을 얻는다. 식 (3.57)을 다시 쓰면

$$\frac{1}{w}dw + \left(2\frac{y_1'}{y_1} + P\right)dx = 0$$

이 되어 변수분리형 방정식이 된다. 이 방정식의 양변을 적분하면

$$\ln|wy_1^2| = -\int P dx + c \quad \text{또는} \quad w = c_1 \frac{e^{-\int P dx}}{y_1^2} \quad (c_1 : \text{임의의 상수})$$

이다. 여기서 $w(x)$을 대입하고 양변을 적분하면

$$u = c_1 \int \frac{e^{-\int P dx}}{y_1^2} dx + c_2 \quad (c_2 : \text{임의의 상수})$$

를 얻는다. 이제 $c_1=1$, $c_2=0$으로 택하면, $y=u(x)y_1(x)$로부터, 식 (3.56)에 대한 제 2의 해

$$y_2(x) = y_1(x) \int \frac{e^{-\int P dx}}{y_1^2} dx \tag{3.58}$$

을 얻는다. 식 (3.58)로 표현되는 함수 $y_2(x)$가 식 (3.58)을 만족한다는 것과 $y_1(x) \neq 0$인 구간에서 두 함수 $y_1$과 $y_2$가 선형독립이라는 것은 독자에게 남긴다.

【예제 2】 미분방정식 $x^2y'' - 3xy' + 4y = 0$의 하나의 해가 함수 $y_1 = x^2$임을 이용하여 구간 $(0, \infty)$에서 일반해를 구하여라.

풀이 주어진 미분방정식을 표준형으로 변환하면

$$y'' - \frac{3}{x}y' + \frac{4}{x^2}y = 0$$

이다. 식 (3.58)를 이용하면 제 2의 해

$$y_2 = x^2 \int \frac{e^{\int \frac{3}{x} dx}}{x^4} dx = x^2 \int \frac{1}{x} dx = x^2 \ln x$$

를 얻는다. 따라서 $(0, \infty)$에서 주어진 미분방정식의 일반해는

$$y = c_1 x^2 + c_2 x^2 \ln x$$

이다. □

## 연습문제(3.7)

1. 아래에서 함수 $y_1(x)$는 주어진 미분방정식의 한 해이다. 주어진 미분방정식에 계수 줄이는 법을 활용하여 $y_1(x)$와 선형독립인 제 2의 해 $y_2(x)$를 구하여라.

   (1) $y'' + 2y' + y = 0,\ y_1 = xe^{-x}$
   (2) $y'' + 9y = 0,\ y_1 = \sin 3x$
   (3) $y'' - 25y = 0,\ y_1 = e^{5x}$
   (4) $6y'' + y' - y = 0,\ y_1 = e^{x/3}$
   (5) $x^2y'' + 2xy' - 6y = 0,\ y_1 = x^2$
   (6) $4x^2y'' + y = 0,\ y_1 = x^{1/2}\ln x$
   (7) $x^2y'' - xy' + 2y = 0,\ y_1 = x\sin(\ln x)$
   (8) $(1-x^2)y'' + 2xy' = 0,\ y_1 = 1$
   (9) $y'' - 4y' + 4y = 0,\ y_1 = e^{2x}$
   (10) $y'' + 16y = 0,\ y_1 = \cos 4x$
   (11) $x^2y'' - 7xy' + 16y = 0,\ y_1 = x^4$
   (12) $y'' - y = 0,\ y_1 = \cosh x$

2. 먼저 $y_1(x)$가 주어진 미분방정식에 대응하는 제차 미분방정식의 한 해임을 증명하여라. 다음에는 계수줄이는 법을 적용하여 주어진 미분방정식에 대응하는 제차방정식에 대한 제 2의 해와 비제차 방정식의 특수해를 구하여라.

   (1) $y'' - 4y = 2,\ y_1 = e^{-2x}$
   (2) $y'' + y' = 1,\ y_1 = 1$
   (3) $y'' - 3y' + 2y = 5e^{3x},\ y_1 = e^x$
   (4) $y'' - 4y' + 3y = x,\ y_1 = e^x$

## 3.8 매개변수 변환법

2장에서 논의되었던 1계 선형미분방정식

$$\frac{dy}{dx}+P(x)y=f(x) \tag{3.59}$$

에 대한 특수해를 구하는 방식을 2계 이상의 고계 선형방정식에도 적용할 수 있다. 2계 선형미분방정식

$$a_2(x)y''+a_1(x)y'+a_0(x)y=g(x) \tag{3.60}$$

의 해를 구하기 위하여 **매개변수변환법**(method of variation of parameters)을 적용하려면 먼저 선두계수함수 $a_2(x)$로 식 (3.60)의 양변을 나누어 표준형 방정식

$$y''+P(x)y'+Q(x)y=f(x) \tag{3.61}$$

으로 변환시켜야 한다. 여기서 $P(x)$, $Q(x)$, $f(x)$가 모두 적당한 구간 $I$에서 연속이라고 가정하자. 식 (3.61)은 식 (3.59)와 유사하다. 이미 3.4절에서 배웠듯이 식 (3.60)의 상수계수를 갖는 한 제차해 $y_h(x)$를 구하는 것은 어렵지 않다.

1계 제차선형미분방정식

$$\frac{dy}{dx}+P(x)y=0$$

의 한 해를 $y_1(x)\neq 0$이라 하였을 때 1계 선형미분방정식 (3.59)의 특수해를 $y_p=u(x)y_1(x)$로 놓고 미정함수 $u(x)$를 구하여 $y_p$를 구하였던 점에 유의하자.

이제 $y_1(x)$와 $y_2(x)$가 구간 $I$에서 식 (3.60)에 대응하는 제차방정식의 기본해집합을 형성한다고 하자. 이때

$$y_p=u_1(x)y_1(x)+u_2(x)y_2(x) \tag{3.62}$$

로 놓고 함수 (3.62)는 식 (3.61)의 특수해가 되도록 미정함수 $u_1(x)$와 $u_2(x)$를 구하여 보자. 식 (3.62)에 주어진 함수 $y_p$를 2번 미분하면

$$y_p' = u_1' y_1 + u_1 y_1' + u_2' y_2 + u_2 y_2'$$
$$y_p'' = u_1'' y_1 + 2u_1' y_1' + u_1 y_1'' + u_2'' y_2 + 2u_2' y_2' + u_2 y_2''$$

이다. 따라서 식 (3.62)와 위의 식을 식 (3.60)에 대입하면

$$\begin{aligned} f(x) &= y_p'' + P(x) y_p' + Q(x) y_p \\ &= u_1[y_1'' + P y_1' + Q y_1] + u_2[y_2'' + P y_2' + Q y_2] \\ &\quad + u_1'' y_1 + 2u_1' y_1' + u_2'' y_2 + 2u_2' y_2' + P[u_1' y_1 + u_2' y_2] \\ &= \frac{d}{dx}[u_1' y_1] + \frac{d}{dx}[u_2' y_2] + P[u_1' y_1 + u_2' y_2] + u_1' y_1' + u_2' y_2' \\ &= \frac{d}{dx}[u_1' y_1 + u_2' y_2] + P[u_1' y_1 + u_2' y_2] + u_1' y_1' + u_2' y_2' \end{aligned} \tag{3.63}$$

를 얻는다. 여기서 $u_1' y_1 + u_2' y_2 = 0$으로 놓으면 $u_1' y_1' + u_2' y_2' = f(x)$이므로 연립방정식

$$\begin{cases} u_1' y_1 + u_2' y_2 = 0 \\ u_1' y_1' + u_2' y_2' = f(x) \end{cases}$$

를 얻는다. 여기서

$$W = \begin{vmatrix} y_1 & y_2 \\ y_1' & y_2' \end{vmatrix}, \quad W_1 = \begin{vmatrix} 0 & y_2 \\ f(x) & y_2' \end{vmatrix}, \quad W_2 = \begin{vmatrix} y_1 & 0 \\ y_1' & f(x) \end{vmatrix} \tag{3.64}$$

로 놓고 위의 연립방정식에 크래이머의 공식(Cramer's rule)을 적용하면 미지의 함수 $u_1'(x)$와 $u_2'(x)$는 다음과 같은 식으로 표현된다.

$$u_1' = \frac{W_1}{W} \quad \text{이고} \quad u_2' = \frac{W_2}{W} \tag{3.65}$$

이제 식 (3.65)에서 얻어진 $u_1'(x)$와 $u_2'(x)$를 적분한 다음에 식 (3.62)에 대입하면 구하려는 특수해 $y_p(x)$를 얻는다.

**[참고]** 식 (3.64)에서 주어진 행렬식 $W$는 $y_1(x)$와 $y_2(x)$의 론스키안이다. $y_1(x)$와 $y_2(x)$가 구간 $I$에서 선형독립이므로 모든 $x \in I$에 대해서 $W(y_1(x), y_2(x)) \neq 0$이 된다.

【예제 1】 다음 미분방정식의 일반해를 구하여라.

$$y''-4y'+4y=(x+1)e^{2x}$$

풀이 주어진 미분방정식에 대한 제차방정식의 일반해는 $y_h=c_1e^{2x}+c_2xe^{2x}$이다. 여기서 $y_1=e^{2x}$, $y_2=xe^{2x}$로 놓고 론스키안을 구하면

$$W(e^{2x},\ xe^{2x})=\begin{vmatrix} e^{2x} & xe^{2x} \\ 2e^{2x} & 2xe^{2x}+e^{2x} \end{vmatrix}=e^{4x}$$

이다. 이 문제에서 주어진 미분방정식은 식 (3.61)과 같은 표준형이고 $f(x)=(x+1)e^{2x}$임에 주목하자. 식 (3.64)에 의하여

$$W_1=\begin{vmatrix} 0 & xe^{2x} \\ (x+1)e^{2x} & 2xe^{2x}+e^{2x} \end{vmatrix}=-(x+1)xe^{4x}$$

$$W_2=\begin{vmatrix} e^{2x} & 0 \\ 2e^{2x} & (x+1)e^{2x} \end{vmatrix}=(x+1)e^{4x}$$

이다. 이제 식 (3.65)를 적용하면

$$u_1'=-\frac{(x+1)xe^{4x}}{e^{4x}}=-(x^2+x),\ u_2'=\frac{(x+1)e^{4x}}{e^{4x}}=x+1$$

임을 알 수 있다. 따라서

$$u_1(x)=-\frac{x^3}{3}-\frac{x^2}{2} \quad \text{이고} \quad u_2(x)=\frac{x^2}{2}+x$$

이다. 그러므로

$$y_p=-\left(\frac{x^3}{3}+\frac{x^2}{2}\right)e^{2x}+\left(\frac{x^2}{2}+x\right)xe^{2x}=\left(\frac{x^3}{6}+\frac{x^2}{2}\right)e^{2x}$$

이고 구하고자 하는 일반해는

$$y=y_h+y_p=c_1e^{2x}+c_2xe^{2x}+\left(\frac{x^3}{6}+\frac{x^2}{2}\right)e^{2x}$$

이다. □

【예제 2】 미분방정식 $4y''+36y=\csc 3x$의 일반해를 구하여라.

풀이 우선 주어진 미분방정식을 표준형으로 변환하면

$$y''+9y=\frac{1}{4}\csc 3x$$

이다. 이 미분방정식에 대한 제차방정식의 일반해는

$$y_h=c_1\cos 3x+c_2\sin 3x$$

이다. 여기서 $y_1=\cos 3x$, $y_2=\sin 3x$이고 $f(x)=\frac{1}{4}\csc 3x$라는 사실을 식 (3.64)에 적용하면

$$W(\cos 3x,\ \sin 3x)=\begin{vmatrix}\cos 3x & \sin 3x\\ -3\sin 3x & 3\cos 3x\end{vmatrix}=3$$

이고

$$W_1=\begin{vmatrix}0 & \sin 3x\\ \frac{1}{4}\csc 3x & 3\cos 3x\end{vmatrix}=-\frac{1}{4}$$

$$W_2=\begin{vmatrix}\cos 3x & 0\\ -3\sin 3x & \frac{1}{4}\csc 3x\end{vmatrix}=\frac{\cos 3x}{4\sin 3x}$$

임을 알 수 있다. 따라서

$$u_1'=\frac{W_1}{W}=-\frac{1}{12} \quad \text{이고} \quad u_2'=\frac{W_2}{W}=\frac{\cos 3x}{12\sin 3x}$$

이다. 이 함수들을 적분하면

$$u_1=-\frac{1}{12}x \quad \text{이고} \quad u_2=\frac{1}{36}\ln|\sin 3x|$$

이다. 그러므로 주어진 미분방정식의 특수해는

$$y_p=-\frac{1}{12}x\cos 3x+\frac{1}{36}(\sin 3x)\ln|\sin 3x|$$

이고 일반해는

$$y=y_h+y_p=c_1\cos 3x+c_2\sin 3x-\frac{1}{12}x\cos 3x+\frac{1}{36}(\sin 3x)\ln|\sin 3x| \quad (3.66)$$

이다. □

위 예제에서 식 (3.66)은 구간 $\left(0, \dfrac{\pi}{6}\right)$에서 주어진 미분방정식에 대한 일반해이다.

**【예제 3】** 미분방정식 $y''-y=\dfrac{1}{x}$을 풀어라.

풀이 주어진 방정식에 대한 제차방정식의 일반해가

$$y_h=c_1e^x+c_2e^{-x}$$

이라는 것은 쉽게 알 수 있다. 여기서 $y_1=e^x$, $y_2=e^{-x}$이고 $f(x)=\dfrac{1}{x}$이므로 $W(e^x, e^{-x})=-2$이고

$$u_1'=\frac{1}{2}\frac{e^{-x}}{x}, \quad u_1=\frac{1}{2}\int_{x_0}^{x}\frac{e^{-t}}{t}dt$$

$$u_2'=-\frac{1}{2}\frac{e^{x}}{x}, \quad u_2=-\frac{1}{2}\int_{x_0}^{x}\frac{e^{t}}{t}dt$$

이다. 적분으로 표현된 $u_1$과 $u_2$는 더이상 간단한 함수로 표현할 수 없다. 따라서

$$y_p=\frac{1}{2}e^x\int_{x_0}^{x}\frac{e^{-t}}{t}dt-\frac{1}{2}e^{-x}\int_{x_0}^{x}\frac{e^{t}}{t}dt$$

이고

$$y=y_h+y_p=c_1e^x+c_2e^{-x}+\frac{1}{2}e^x\int_{x_0}^{x}\frac{e^{-t}}{t}dt-\frac{1}{2}e^{-x}\int_{x_0}^{x}\frac{e^{t}}{t}dt$$

이다. □

위의 예제에 표현된 적분은 원점을 포함하지 않은 구간 $x_0 \le t \le x$에서만 가능하다는 점에 유의해야 한다.

지금까지 우리는 비제차 2계 선형미분방정식의 특수해를 구하는 방법으로 매개변

수변환법을 설명하였다. 이제 이러한 방법을 보다 일반적인 $n$계 비제차 선형미분방정식에도 적용할 수 있는 유사한 방법을 설명하려고 한다. 이를 위하여 다음과 같은 표준형의 선형미분방정식을 보도록 하자.

$$y^{(n)}+P_{n-1}(x)y^{(n-1)}+\cdots+P_1(x)y'+P_0(x)y=f(x) \tag{3.67}$$

여기서 식 (3.67)에 대한 제차방정식의 일반해

$$y_h=c_1y_1(x)+c_2y_2(x)+\cdots+c_ny_n(x)$$

가 주어져 있다고 하자. 이때 식 (3.67)에 대한 특수해를

$$y_p=u_1(x)y_1(x)+u_2(x)y_2(x)+\cdots+u_n(x)y_n(x)$$

라 놓으면 $u_1'$, $u_2'$, $\cdots$, $u_n'$은 다음과 같은 $n$개의 선형연립방정식에 의하여 결정된다.

$$\begin{aligned}
y_1u_1' \;+\; y_2u_2' \;+\cdots+\; y_nu_n' &= 0\\
y_1'u_1' \;+\; y_2'u_2' \;+\cdots+\; y_n'u_n' &= 0\\
\vdots \qquad\qquad\qquad\qquad &\;\;\vdots\\
y_1^{(n-1)}u_1' \;+\; y_2^{(n-1)}u_2' \;+\cdots+\; y_n^{(n-1)}u_n' &= f(x)
\end{aligned}$$

여기서 크래이머 공식을 적용하면

$$W=\begin{vmatrix} y_1(x) & \cdots & y_k(x) & \cdots & y_n(x)\\ y_1'(x) & \cdots & y_k'(x) & \cdots & y_n'(x)\\ \vdots & & \vdots & & \vdots\\ y_1^{(n-1)}(x) & \cdots & y_k^{(n-1)}(x) & \cdots & y_n^{(n-1)}(x)\end{vmatrix}$$

$$W_k=\begin{vmatrix} y_1(x) & \cdots & 0 & \cdots & y_n(x)\\ y_1'(x) & \cdots & 0 & \cdots & y_n'(x)\\ \vdots & & \vdots & & \vdots\\ y_1^{(n-1)}(x) & \cdots & f(x) & \cdots & y_n^{(n-1)}(x)\end{vmatrix} \quad (k=1,\ 2,\ \cdots,\ n)$$

라 놓았을 때

$$u_k'(x)=\frac{W_k(x)}{W(x)} \quad (k=1,\ 2,\ \cdots,\ n)$$

이다. 따라서

$$u_k(x)=\int\frac{W_k(x)}{W(x)}dx \quad (k=1,\ 2,\ \cdots,\ n)$$

이다.

## 연습문제(3.8)

1. 다음 미분방정식을 매개변수변환법으로 풀어라.
   (1) $y''+y=\tan x$
   (2) $y''+y=\sec\theta\tan\theta$
   (3) $y''+y=\sec^2 x$
   (4) $y''-y=\sinh 2x$
   (5) $y''-9y=\dfrac{9x}{e^{3x}}$
   (6) $y''-2y'+y=\dfrac{e^x}{1+x^2}$
   (7) $(D^2-2D+1)y=e^t\tan^{-1}t$
   (8) $(D^3+D)y=4\sqrt{x}$
   (9) $(3D^2-6D+6)y=e^x\sec x$
   (10) $(D+3)^3y=6x^{-3}e^{-3x}$

2. 매개변수변환법을 이용하여 초기조건 $y(0)=1,\ y'(0)=0$을 만족하는 다음 미분방정식의 해를 구하여라.
   (1) $4y''-y=xe^{\frac{x}{2}}$
   (2) $2y''+y'-y=x+1$
   (3) $(D^2+2D-8)y=2e^{-2x}-e^{-x}$
   (4) $(D^2-4D+4)y=(12x^2-6x)e^{2x}$

3. 다음에서 오른편에 주어진 함수들은 왼편에 주어진 방정식에 대응하는 제차 미분방정식에 대한 선형독립인 해들이다. 이 함수들을 이용하여 주어진 비제차 방정식의 일반해를 구하여라.
   (1) $x^2y''+xy'+(x^2-\dfrac{1}{4})y=x^{\frac{3}{2}},\ y_1=x^{-\frac{1}{2}}\cos x,\ y_2=x^{-\frac{1}{2}}\sin x$
   (2) $(x^2D^2+xD+1)y=\sec(\ln x),\ y_1=\cos(\ln x),\ y_2=\sin(\ln x)$

4. 다음 미분방정식을 매개변수변환법으로 풀어라.
   (1) $y'''+y'=\tan x$
   (2) $y'''+4y'=\sec 2x$
   (3) $(D^2-2D+1)y=4x^2-3$
   (4) $(3D^2-6D+3)y=e^x\tan 3x+15\sin x$

## 3.9 코오시-오일러 방정식

상수가 아닌 함수들을 계수로 갖는 선형미분방정식의 해를 구하기 위해서 상수계수를 갖는 고계 선형미분방정식에 대한 해법을 그대로 적용할 수 없다. 실제로 상수가 아닌 함수들을 계수로 갖는 선형미분방정식의 해를 구하는 가장 보편적인 방법은 멱급수 해법이다. 그런데 우리가 이 절에서 다루고자 하는 것은 소위 말하는 코오시-오일러 방정식으로서 그 일반해가 $x$나 사인함수, 코사인함수, 로그함수 등의 멱급수로 표현되는 특징을 지니고 있다. 해를 구하는 과정에서 보조방정식을 이용한다는 점에서 상수계수를 갖는 선형미분방정식과 유사하지만 그 해법은 본질적으로 다르다.

〈정의 3.5〉

$a_0$, $a_1$, $\cdots$, $a_n(\neq 0)$이 상수이고 $f(x)$가 함수일 때

$$a_n x^n \frac{d^n y}{dx^n} + a_{n-1} x^{n-1} \frac{d^{n-1} y}{dx^{n-1}} + \cdots + a_1 x \frac{dy}{dx} + a_0 y = f(x) \tag{3.68}$$

와 같은 형태의 선형미분방정식을 가리켜서 **코오시-오일러 방정식(Cauchy–Euler equation)**이라 한다.

코오시-오일러 방정식의 특징은 $k=n,\ n-1,\ \cdots,\ 1,\ 0$에 대해서 $k$계 도함수 $d^k y/dx^k$의 계수함수가 $a_k x^k$ ($a_k$ : 상수)이라는 데에 있다.

이제 코오시-오일러 방정식 (3.68)의 해를 어떻게 구할 것인지를 알아보자. 우리가 시도해 볼 수 있는 하나의 방법은 적당한 치환을 통해서 주어진 미분방정식을 풀기 쉬운 보다 간편한 방정식으로 변환하는 것이다.

**정리 3.10** 치환 $x=e^t$에 의해서 코오시-오일러 방정식

$$a_n x^n \frac{d^n y}{dx^n} + a_{n-1} x^{n-1} \frac{d^{n-1} y}{dx^{n-1}} + \cdots + a_1 x \frac{dy}{dx} + a_0 y = f(x) \tag{3.68}$$

은 상수 계수를 갖는 선형미분방정식으로 변환된다.

**증명** 2계 코오시-오일러 방정식

$$a_2 x^2 \frac{d^2 y}{dx^2} + a_1 x \frac{dy}{dx} + a_0 y = f(x) \tag{3.69}$$

에 대해서만 증명하도록 하겠다. 먼저 $x=e^t$로 놓으면 $t=\ln x$이고

$$\frac{dy}{dx} = \frac{dy}{dt}\,\frac{dt}{dx} = \frac{1}{x}\,\frac{dy}{dt}$$

이며

$$\begin{aligned}\frac{d^2 y}{dx^2} &= \frac{1}{x}\,\frac{d}{dx}\left(\frac{dy}{dt}\right) + \frac{dy}{dt}\,\frac{d}{dx}\left(\frac{1}{x}\right) \\ &= \frac{1}{x}\left(\frac{d^2 y}{dt^2}\,\frac{dt}{dx}\right) - \frac{1}{x^2}\,\frac{dy}{dt} \\ &= \frac{1}{x}\left(\frac{d^2 y}{dt^2}\,\frac{1}{x}\right) - \frac{1}{x^2}\,\frac{dy}{dt} = \frac{1}{x^2}\left(\frac{d^2 y}{dt^2} - \frac{dy}{dt}\right)\end{aligned}$$

이다. 따라서

$$x\frac{dy}{dx} = \frac{dy}{dt} \quad \text{이고} \quad x^2 \frac{d^2 y}{dx^2} = \frac{d^2 y}{dt^2} - \frac{dy}{dt}$$

이다. 이것을 식 (3.69)에 대입하면 방정식

$$a_2\left(\frac{d^2 y}{dt^2} - \frac{dy}{dt}\right) + a_1 \frac{dy}{dt} + a_0 y = f(e^t)$$

또는

$$a_2\frac{d^2y}{dt^2}+(a_1-a_2)\frac{dy}{dt}+a_0y=f(e^t)$$

를 얻는다. ■

[참고] 정리 3.10에서 치환 $x=e^t$을 이용한 것은 $x>0$는 것을 전제로 한 것이다. 만약 $x<0$인 구간에서 해를 구하려면 $x=-e^t$로 치환해서 풀어야 한다.

【예제 1】 미분방정식

$$x^2\frac{d^2y}{dx^2}-2x\frac{dy}{dx}+2y=x^3 \tag{3.70}$$

의 일반해를 구하여라.

풀이 여기서는 $x>0$인 구간에서 해를 구하도록 하겠다. 이를 위하여 $x=e^t$으로 치환하면 $t=\ln x$이고

$$\frac{dy}{dx}=\frac{dy}{dt}\frac{dt}{dx}=\frac{1}{x}\frac{dy}{dt}$$

이며

$$\frac{d^2y}{dx^2}=\frac{1}{x}\left(\frac{d^2y}{dt^2}\frac{dt}{dx}\right)-\frac{1}{x^2}\frac{dy}{dt}=\frac{1}{x^2}\left(\frac{d^2y}{dt^2}-\frac{dy}{dt}\right)$$

이다. 따라서 식 (3.70)은

$$\frac{d^2y}{dt^2}-\frac{dy}{dt}-2\frac{dy}{dt}+2y=e^{3t}$$

또는

$$\frac{d^2y}{dt^2}-3\frac{dy}{dt}+2y=e^{3t} \tag{3.71}$$

으로 변환된다. 이 방정식에 대한 제차방정식의 일반해를 구하면

$$y_h=c_1e^t+c_2e^{2t}$$

이다. 이제 식 (3.71)에 대한 특수해를 구하기 위해서 미정계수법을 이용하자. 식 (3.71)의 특수해를 $y_p = Ae^{3t}$라 하자. 그러면 $y_p{}' = 3Ae^{3t}$이고 $y_p{}'' = 9Ae^{3t}$이므로 식 (3.71)에서

$$2Ae^{3t} = e^{3t}$$

를 얻는다. 따라서 $A = \frac{1}{2}$이고 $y_p = \frac{1}{2}e^{3t}$이다. 그러므로 식 (3.71)의 일반해는

$$y = y_h + y_p = c_1 e^t + c_2 e^{2t} + \frac{1}{2}e^{3t}$$

이다. 여기서 $x = e^t$을 대입하면 식 (3.70)에 대한 일반해는

$$y = c_1 x + c_2 x^2 + \frac{1}{2}x^3$$

이다. □

【예제 2】 구간 $x > 0$에서 3계 선형방정식

$$x^3 \frac{d^3y}{dx^3} - 4x^2 \frac{d^2y}{dx^2} + 8x\frac{dy}{dx} - 8y = 4 \ln x \tag{3.72}$$

의 일반해를 구하여라.

풀이 $x = e^t$으로 놓으면 $t = \ln x$이고

$$\frac{dy}{dx} = \frac{1}{x}\frac{dy}{dt}$$

이며

$$\frac{d^2y}{dx^2} = \frac{1}{x^2}\left(\frac{d^2y}{dt^2} - \frac{dy}{dt}\right)$$

이다. 또한

$$\frac{d^3y}{dx^3} = \frac{1}{x^3}\frac{d}{dx}\left(\frac{d^2y}{dt^2} - \frac{dy}{dt}\right) - \frac{2}{x^3}\left(\frac{d^2y}{dt^2} - \frac{dy}{dt}\right)$$

$$= \frac{1}{x^2}\left(\frac{d^3y}{dt^3}\frac{dt}{dx} - \frac{d^2y}{dt^2}\frac{dt}{dx}\right) - \frac{2}{x^3}\left(\frac{d^2y}{dt^2} - \frac{dy}{dt}\right)$$

$$= \frac{1}{x^3}\left(\frac{d^3y}{dt^3} - \frac{d^2y}{dt^2}\right) - \frac{2}{x^3}\left(\frac{d^2y}{dt^2} - \frac{dy}{dt}\right)$$

$$= \frac{1}{x^3}\left(\frac{d^3y}{dt^3} - 3\frac{d^2y}{dt^2} + 2\frac{dy}{dt}\right)$$

이다. 따라서 치환 $x=e^t$에 의해서 식 (3.72)는

$$\left(\frac{d^3y}{dt^3} - 3\frac{d^2y}{dt^2} + 2\frac{dy}{dt}\right) - 4\left(\frac{d^2y}{dt^2} - \frac{dy}{dt}\right) + 8\frac{dy}{dt} - 8y = 4t$$

또는

$$\frac{d^3y}{dt^3} - 7\frac{d^2y}{dt^2} + 14\frac{dy}{dt} - 8y = 4t \tag{3.73}$$

로 변환된다. 변환된 식 (3.73)에 대한 제차방정식의 일반해는

$$y_h = c_1e^t + c_2e^{2t} + c_3e^{4t}$$

임을 쉽게 알 수 있다. 이제 식 (3.73)에 대한 특수해를 $y_p = At + B$라 가정하자. 그러면 $y_p' = A$이고 $y_p'' = y_p''' = 0$이다. 그러므로 $y_p = At + B$를 식 (3.73)에 대입하면

$$14A - 8At - 8B = 4t$$

이다. 따라서

$$-8A = 4, \quad 14A - 8B = 0$$

이다. 그러므로 $A = -\frac{1}{2}$이고 $B = -\frac{7}{8}$이다. 따라서 식 (3.73)의 일반해는

$$y = y_h + y_p = c_1e^t + c_2e^{2t} + c_3e^{4t} - \frac{1}{2}t - \frac{7}{8}$$

이다. 여기에 $x=e^t$을 대입하면 식 (3.73)의 일반해는

$$y = c_1x + c_2x^2 + c_3x^4 - \frac{1}{2}\ln x - \frac{7}{8}$$

이다. □

[참고] 예제 1과 2에서 보듯이 치환 $x = e^t$을 통한 변환은 다음과 같다.

$$x\frac{dy}{dx} = \frac{dy}{dt}, \quad x^2\frac{d^2y}{dx^2} = \frac{d^2y}{dt^2} - \frac{dy}{dt}$$

$$x^3\frac{d^3y}{dx^3} = \frac{d^3y}{dt^3} - 3\frac{d^2y}{dt^2} + 2\frac{dy}{dt}$$

일반적으로 치환 $x = e^t$에 의해서 항

$$x^n\frac{d^ny}{dx^n}$$

이 상수 계수를 갖는 $n$계의 다항함수로 변환되어짐을 알 수 있다. 그러므로 $n$계 코오시-오일러 방정식

$$a_n x^n \frac{d^ny}{dx^n} + a_{n-1}x^{n-1}\frac{d^{n-1}y}{dx^{n-1}} + \cdots + a_1 x\frac{dy}{dx} + a_0 y = f(x) \tag{3.68}$$

은 치환 $x = e^t$에 의해서 상수 계수를 갖는 $n$계 선형미분방정식

$$A_n\frac{d^ny}{dt^n} + A_{n-1}\frac{d^{n-1}y}{dt^{n-1}} + \cdots + A_1\frac{dy}{dt} + A_0 y = f(e^t)$$

으로 변환된다.

## 연습문제(3.9)

1. 치환 $x=e^t$을 써서 주어진 코오시-오일러의 방정식을 상수계수를 갖는 방정식으로 변환하라. 그리고 변환된 미분방정식을 풀어서 방정식의 해를 구하여라.

(1) $x^2y''+9xy'-20y=0$ (2) $x^2y''-9xy'+25y=0$

(3) $x^2y''+10xy'+8y=x^2$ (4) $x^2y''-4xy'+6y=\ln x^2$

(5) $(x^2D^2-3xD+13)y=3x+4$ (6) $(x^3D^3-3x^2D^2+6xD-6)y=3+\ln x^3$

2. 다음 제차 미분방정식의 일반해를 구하여라.

(1) $4x^2y''+y=0$ (2) $xy''-3y'=0$

(3) $x^2y''+5xy'+3y=0$ (4) $x^2y''+3xy'-4y=0$

(5) $4x^2y''+4xy'-y=0$ (6) $x^2y''+8xy'+6y=0$

(7) $(x^2D^2-7xD+41)y=0$ (8) $(x^3D^2+xD-1)y=0$

(9) $(xD^4+6D^3)y=0$ (10) $(x^3D^3-6)y=0$

3. 다음 비제차 미분방정식의 일반해를 $x>0$인 구간에서 구하여라.

(1) $xy''-4y'=x^4$ (2) $2x^2y''+5xy'+y=x^2-x$

(3) $(x^2D^2-xD+1)y=2x$ (4) $(x^2D^2-2xD+2)y=x^4e^x$

4. 다음 초기값문제의 해를 구하여라.

(1) $x^2y''+3xy'=0,\ y(1)=0,\ y'(1)=4$

(2) $x^2y''-5xy'+8y=0,\ y(2)=32,\ y'(2)=0$

(3) $x^2y''+xy'+y=0,\ y(1)=1,\ y'(1)=2$

(4) $x^2y''-3xy'+4y=0,\ y(1)=5,\ y'(1)=3$

(5) $xy''+y'=x,\ y(1)=1,\ y'(1)=-\dfrac{1}{2}$

(6) $x^2y''-5xy'+8y=8x^6,\ y\left(\dfrac{1}{2}\right)=y'\left(\dfrac{1}{2}\right)=0$

(7) $4x^2y''+y=0,\ y(-1)=2,\ y'(-1)=4$

(8) $x^2y''-4xy'+6y=0,\ y(-2)=8,\ y'(-2)=0$

## 3.10 비선형 미분방정식

우리는 이미 앞에서 상수 계수를 갖는 선형미분방정식과 코오시-오일러 방정식과 같은 특수한 형태의 선형미분방정식에 대한 여러 가지 해법들을 소개하였다. 선형미분방정식은 대부분 그 해를 쉽게 구할 수 있지만 비선형 미분방정식의 경우에는 아주 특수한 몇 가지 유형을 제외하고는 아직까지 수치해석학적인 방법 외에는 그 해법을 찾지 못하고 있는 실정이다. 따라서 수학에서 가장 많은 미해결 문제를 지니고 있는 분야가 미분방정식 분야라고 말해도 과언이 아닐 것이다.

이 절에서는 아주 특수한 형태의 비선형 미분방정식에 대한 간단한 해법을 소개하려고 한다.

종속변수 $y$가 없거나 독립변수 $x$가 빠져있는

$$F(x,\ y',\ y'')=0 \quad \text{또는} \quad F(y,\ y',\ y'')=0$$

형태의 2계 비선형 미분방정식은 적절한 치환을 통해서 1계 미분방정식으로 변환하여 해를 구할 수 있다. 여기서 이용되는 치환은 $u=y'$이다.

【예제 1】 2계 비선형 미분방정식

$$y''=2x(y')^2 \tag{3.74}$$

의 해를 구하여라.

풀이 여기서 $u=y'$으로 놓자. 그러면 $\dfrac{du}{dx}=y''$이다. 따라서 식 (3.74)는

$$\frac{du}{dx}=2xu^2$$

또는

$$\frac{1}{u^2}du=2x\,dx \tag{3.75}$$

로 변환된다. 이 식의 양변을 적분하면

$$\int u^{-2}du=\int 2x\,dx \Longrightarrow -\frac{1}{u}=x^2+c_1^2 \tag{3.76}$$

이다. 여기서 상수 $c_1^2$은 다음 계산을 편리하게 하기 위해서 선택한 형식이라는 점에 유의하기 바란다. 이제 $u=y'$를 식 (3.76)에 대입하면

$$\frac{dy}{dx}=-\frac{1}{x^2+c_1^2}$$

을 얻는다. 이 식을 적분하면 식 (3.74)의 일반해는

$$y=-\int\frac{1}{x^2+c_1^2}dx \Longrightarrow y=-\frac{1}{c_1}\tan^{-1}\frac{x}{c_1}+c_2$$

이다. □

다음에는 $F(y,\ y,\ y'')=0$형태의 2계 비선형 방정식에 대한 해법을 예제를 통하여 소개하려고 한다. 여기서도 치환 $u=y'$을 활용한다. 독립변수 $x$가 빠져 있기 때문에 치환 $u=y'$에 의해서 방정식 $F(y,\ y,\ y'')=0$은 독립변수가 $y$이고 종속변수가 $u$인 1계 미분방정식으로 변환이 될 수 있다.

**【예제 2】** 2계 비선형 미분방정식

$$yy''=(y')^2 \tag{3.77}$$

의 해를 구하여라.

풀이 치환 $u=y'$을 활용하자. 그러면 연쇄법칙에 의해서

$$y''=\frac{d}{dx}(y')=\frac{du}{dx}=\frac{du}{dy}\,\frac{dy}{dx}=u\frac{du}{dy}$$

이므로 식 (3.77)은

$$y\left(u\frac{du}{dy}\right)=u^2 \quad \text{또는} \quad \frac{1}{u}du=\frac{1}{y}dy$$

로 변환된다. 이 식의 양변을 적분하면

$$\int \frac{1}{u} du = \int \frac{1}{y} dy \implies \ln|u| = \ln|y| + c_1$$

이다. 여기서 $c_2 = \pm e^{c_1}$으로 두면,

$$\ln|u| = \ln|y| + c_1 \implies u = \pm e^{c_1} y = c_2 y$$

이다. 여기서 $u = y' = \dfrac{dy}{dx}$를 대입하고 변수분리형 미분방정식의 해법을 적용하면

$$\int \frac{1}{y} dy = c_2 \int dx \implies \ln|y| = c^2 x + c_3 \implies y = \pm e^{c_3} e^{c_2 x}$$

이다. 이제 $c_4 = \pm e^{c_3}$으로 놓으면 식 (3.77)의 일반해는

$$y = c_4 e^{c_2 x} \ (c_2,\ c_4 : \text{임의의 상수})$$

이다. □

경우에 따라서는 점 $x_0$에서 초기조건이 주어진 비선형 미분방정식의 해를 $x_0$를 중심으로 한 테일러(Taylor)급수에 의한 근사값으로 구할 수 있다.

【예제 3】 초기값 문제

$$y'' = x + y - y^2,\ y(0) = -1,\ y'(0) = 1 \tag{3.78}$$

의 해 $y(x)$가 존재하여 점 $x=0$에서 해석적이라고 가정하자. 그러면 해 $y(x)$는 다음과 같은 점 $x=0$에서 테일러급수로 표현된다.

$$y(x) = y(0) + \frac{y'(0)}{1!} x + \frac{y''(0)}{2!} x^2 + \frac{y'''(0)}{3!} x^3 + \cdots \tag{3.79}$$

전개식 (3.79)의 첫번째 항과 두번째 항은 초기조건 $y(0) = -1$과 $y'(0) = 1$에 의해서 얻어진다. 또한 주어진 미분방정식으로부터 $y''(0)$의 값을 얻을 수 있다.

$$y''(0) = 0 + y(0) - y(0)^2 = 0 + (-1) - (-1)^2 = 2$$

이 외에도 주어진 미분방정식을 연속적으로 미분함으로써 고계 도함수

$$y'''(x),\ y^{(4)}(x),\ y^{(5)}(x),\ \cdots$$

등을 얻을 수 있다.

$$y'''(x) = \frac{d}{dx}(x+y-y^2) = 1+y'-2yy' \tag{3.80}$$

$$y^{(4)}(x) = \frac{d}{dx}(1+y'-2yy') = y''-2yy''-2(y')^2 \tag{3.81}$$

$$y^{(5)}(x) = \frac{d}{dx}(y''-2yy''-2(y')^2) = y'''-2yy'''-6y'y'' \tag{3.82}$$

이제 $y(0)=-1$과 $y'(0)=1$을 식 (3.80)에 대입하면 $y'''(0)=4$를 얻는다. 또한

$$y(0)=-1,\ y'(0)=1,\ y''(0)=-2$$

를 식 (3.81)에 대입하면 $y^{(4)}(0)=-8$를 얻게 된다. 그리고

$$y'(0)=1,\ y''(0)=-2,\ y'''(0)=4$$

를 식 (3.82)에 대입하면 $y^{(5)}(0)=24$라는 것을 알 수 있다. 그러므로 관계식 (3.79)에 의해서 초기값 문제 (3.78)의 급수해를 처음 6항까지만 구하면

$$y(x) = -1+x-x^2+\frac{2}{3}x^3-\frac{1}{3}x^4+\frac{1}{5}x^5+\cdots$$

이다.

## 연습문제(3.10)

1. 치환 $u=y'$을 써서 다음 미분방정식을 풀어라.

   (1) $y''=(y')^2+1$ (2) $(y+1)y''=(y')^2$

   (3) $y''+2y(y')^2=0$ (4) $y^2y''=y'$

2. 치환 $u=y'$에 의해서 다음 미분방정식이 베르누이 방정식으로 변환됨을 보여라. 그리고 주어진 미분방정식의 해를 구하여라.

   (1) $xy''=y'+(y')^3$ (2) $xy''=y'+x(y')^2$

3. 두 함수 $y_1$과 $y_2$가 주어진 미분방정식의 해이지만 선형결합 $y=c_1y_1+c_2y_2$는 주어진 방정식의 해가 되지 않음을 보여라.

   (1) $(y'')^2=y^2$, $y_1=e^x$, $y_2=\cos x$ (2) $yy''=\frac{1}{2}(y')^2$, $y_1=1$, $y_2=x^2$

4. 주어진 초기값 문제의 해를 점 $x=0$을 중심으로 하는 테일러급수해로 구하되 처음 6항까지만 구하여라.

   (1) $y''=x+y^2$, $y(0)=1$, $y'(0)=1$

   (2) $y''+y^2=1$, $y(0)=2$, $y'(0)=3$

   (3) $y''=x^2+y^2-2y'$, $y(0)=1$, $y'(0)=1$

   (4) $y''=e^x$, $y(0)=0$, $y'(0)=-1$

# 4 장

# 멱급수해

상수 아닌 변수들을 계수로 갖는 대부분의 고계 선형미분방정식에 대한 해를 기본적인 함수들로 구할 수 없다. 변수계수를 갖는 그러한 종류의 고계 선형미분방정식을 푸는 일반적인 방법중의 하나는 그 해를 무한급수 형태로 구하는 것이다.

## 4.1 통상점에 관한 멱급수해

무한급수

$$\sum_{n=0}^{\infty} c_n (x-a)^n = c_0 + c_1 (x-a) + c_2 (x-a)^2 + \cdots$$

을 가리켜서 $x-a$에 관한 **멱급수**(power series) 또는 $a$를 중심으로 한 멱급수라 한다.

예를 들면, 급수 $\sum_{n=0}^{\infty}(x+1)^n$은 $a=-1$을 중심으로 한 멱급수이다. 이 절에서 우리는 주로 $a=0$을 중심으로 하는 급수, 즉 $x$에 관한 급수에 초점을 맞춘다.

멱급수의 부분합의 수열 $\{S_N(x)\}$가 수렴할 때, 즉 극한

$$\lim_{N\to\infty} S_N(x) = \lim_{N\to\infty}\sum_{n=0}^{N} c_n(x-a)^n$$

이 존재할 때, 멱급수

$$\sum_{n=0}^{\infty} c_n(x-a)^n$$

은 $x$에서 수렴한다고 하고, 이러한 극한이 존재하지 않으면 멱급수

$$\sum_{n=0}^{\infty} c_n(x-a)^n$$

은 발산한다고 한다.

멱급수 $\sum_{n=0}^{\infty} c_n(x-a)^n$의 수렴성은 흔히 **비율판정법**(ratio test)에 의하여 검증될 수 있다. 여기서 모든 $n$에 대하여 $c_n \neq 0$이고

$$\lim_{n\to\infty}\left|\frac{c_{n+1}(x-a)^{n+1}}{c_n(x-a)^n}\right| = |x-a|\lim_{n\to\infty}\left|\frac{c_{n+1}}{c_n}\right| = L$$

이라 하자. 이때, $L<1$이면 멱급수 $\sum_{n=0}^{\infty} c_n(x-a)^n$은 수렴하고 $L>1$이면 주어진 급수는 발산하게 된다. 그리고 $L=1$인 경우에는 주어진 급수에 대한 수렴성 여부는 별도로 판정해야 한다.

예를 들면, 멱급수 $\sum_{n=1}^{n}\frac{(x-3)^n}{2^n n}$에 대한 비율판정은

$$\lim_{n\to\infty}\left|\frac{\dfrac{(x-3)^{n+1}}{2^{n+1}(n+1)}}{\dfrac{(x-3)^n}{2^n n}}\right| = |x-3|\lim_{n\to\infty}\frac{n}{2(n+1)} = \frac{1}{2}|x-3|$$

이므로

$$\frac{1}{2}|x-3|<1,\ |x-3|<2 \text{ 또는 } 1<x<5$$

일 때 급수 $\sum_{n=1}^{n}\frac{(x-3)^n}{2^n n}$은 절대수렴한다. 이와 같은 열린구간을 **수렴하는 열린구간** (open interval of convergence)이라 한다.

위의 멱급수는 $x<1$ 또는 $x>5$이면 발산한다. 그리고 $x=1$일 때 급수 $\sum_{n=1}^{\infty}\frac{(-1)^n}{n}$은 수렴하고, $n=5$일 때 $\sum_{n=1}^{\infty}\frac{1}{n}$은 발산한다. 그러므로 주어진 급수의 수렴구간은 $[1, 5)$이고 수렴반경은 $R=2$이다.

멱급수 $f(x)=\sum_{n=0}^{\infty}c_n(x-a)^n$은 수렴구간을 정의역으로 하는 함수다.

만약 수렴반경이 $R>0$이면 $f$는 열린구간 $(a-R,\ a+R)$에서 연속이고 미분가능하며 적분가능하다. 또한 $f'(x)$와 $\int f(x)dx$는 항별 미분과 적분에 의하여 구할 수 있다. 수렴구간의 끝점에서 수렴성은 미분에 의하여 소멸되거나 적분에 의하여 생성될 수 있다.

함수 $f$가 점 $a$에서 **해석적**(analytic)이라 함은 $f(x)$가 $a$를 포함한 적당한 열린구간 안에서 $x-a$에 관한 멱급수로 표현될 수 있음을 뜻한다. 실제로 $e^x$, $\sin x$, $\cos x$ 등은 모두 $x=0$에서 해석적이고 임의의 실수 $x$에 대하여

$$\begin{aligned} e^x &= 1+\frac{x}{1}+\frac{x^2}{2!}+\frac{x^3}{3!}+\cdots \\ \sin x &= x-\frac{x^3}{3!}+\frac{x^5}{5!}+\cdots \\ \cos x &= 1-\frac{x^2}{2!}+\frac{x^4}{4!}+\cdots \end{aligned} \tag{4.1}$$

등으로 표현할 수 있다.

멱급수들 사이에 사칙연산이 가능하다. 멱급수들의 연산은 다항식들의 연산과 같은 방법으로 실행할 수 있다. 예를 들면, 식 (4.1)에 나타난 $e^x$과 $\sin x$에 대한 멱급수들을 가지고 곱셈을 실행하면

$$e^x \sin x = \left(1 + \frac{x}{1} + \frac{x^2}{2!} + \frac{x^3}{3!} + \cdots\right)\left(x - \frac{x^3}{3!} + \frac{x^5}{5!} + \cdots\right)$$

$$= 1x + 1x^2 + \left(-\frac{1}{6} + \frac{1}{2}\right)x^3 + \left(-\frac{1}{6} + \frac{1}{6}\right)x^4 + \left(\frac{1}{120} - \frac{1}{12} + \frac{1}{24}\right)x^5 + \cdots$$

$$= x + x^2 + \frac{1}{3}x^3 - \frac{1}{30}x^5 - \cdots$$

이다. 여기서 $e^x$과 $\sin x$에 대한 멱급수가 모든 실수 $x$에 대하여 수렴하므로 이들의 곱 $e^x \sin x$에 대한 멱급수도 마찬가지로 모든 $x$에 대하여 수렴한다.

【예제 1】 두 급수의 합

$$\sum_{n=2}^{\infty} a_n n(n-1)x^{n-2} + \sum_{n=0}^{\infty} a_n x^{n+1}$$

을 하나의 멱급수로 표현하여라.

풀이 
$$\sum_{n=2}^{\infty} a_n n(n-1)x^{n-2} + \sum_{n=0}^{\infty} a_n x^{n+1} = 2\cdot 1a_2 + \sum_{n=3}^{\infty} n(n-1)a_n x^{n-2} + \sum_{n=0}^{\infty} a_n x^{n+1}$$

$$= 2a_2 + \sum_{n=1}^{\infty} (n+2)(n+1)a_{n+2}x^n + \sum_{n=1}^{\infty} a_{n-1}x^n$$

$$= 2a_2 + \sum_{n=1}^{\infty} [(n+2)(n+1)a_{n+2} + a_{n-1}]x^n$$ □

2계 선형미분방정식

$$a_2(x)y'' + a_1(x)y' + a_0(x)y = 0 \tag{4.2}$$

이 표준형

$$y'' + P(x)y' + Q(x)y = 0 \tag{4.3}$$

으로 변환 되었을 때, 다음과 같은 정의를 할 수 있다.

<정의 4.1>

표준형 미분방정식 (4.3)에서 $P(x)$와 $Q(x)$가 점 $x_0$에서 해석적일 때, 점 $x_0$를 미분방정식 (4.2)의 **통상점**(ordinary point)이라 한다. 그리고 통상점이 아닌 점을 가리켜서 주어진 방정식의 **특이점**(singular point)이라 한다.

방정식 $y''+(e^x)y'+(\cos x)y=0$에서 모든 실수 $x$는 통상점이 된다. 식 (4.3)에서 $P(x)$와 $Q(x)$중 어느 하나라도 점 $x_0$에서 해석적이 아니면 $x_0$는 미분방정식 (4.2)의 특이점이 된다. 예를 들면, $Q(x)=\ln x$는 점 $x=0$에서 불연속이므로 $x=0$은 방정식 $y''+(e^x)y'+(\ln x)y=0$의 특이점이 된다.

우리는 주로 다항계수를 갖는 미분방정식 (4.2)의 해를 구하는 법에 대하여 알아보려고 한다. 다항함수는 모든 실수 $x$에서 해석적이며 유리함수는 분모가 0이 아닌 모든 점에서 해석적이다. 따라서 $a_1(x)$, $a_2(x)$, $a_3(x)$가 공통인자를 갖지 않은 다항식이면 유리함수

$$P(x)=\frac{a_1(x)}{a_2(x)} \quad \text{와} \quad Q(x)=\frac{a_0(x)}{a_2(x)}$$

는 모두 $a_2(x)\neq 0$인 모든 점 $x$에서 해석적이다. 그러므로 $a_2(x_0)\neq 0$이면 $x_0$는 미분방정식 (4.2)의 통상점이 되고 $a_2(x_0)=0$이면 $x_0$는 미분방정식 (4.2)의 특이점이 된다. 예를 들면, 방정식

$$(x^2-1)y''+2xy'+6y=0$$

의 특이점은 $x=\pm 1$뿐이며 다른 모든 점들은 통상점에 해당한다. 또한 코오시-오일러의 방정식 $ax^2y''+bxy'+cy=0$의 특이점은 $x=0$뿐이다.

주어진 미분방정식 (4.2)의 특이점이 반드시 실수일 필요는 없다. 미분방정식

$$(x^2+1)y''+xy'-y=0$$

은 $x^2+1=0$의 해 $x=\pm i$에서 특이점을 갖는다. 우리는 멱급수해에 관한 다음 정리를 증명없이 소개한다.

**정리 4.1** 만약 $x_0$가 미분방정식 (4.2)의 통상점이라면, 미분방정식 (4.2)의 선형독립인 두 해를 $x_0$가 중심인 멱급수

$$y=\sum_{n=0}^{\infty}c_n(x-x_0)^n \tag{4.4}$$

형태로 구할 수 있다. 여기서 $R$이 점 $x_0$와 가장 가까운 거리에 있는 거리라고 할 때, 멱급수해 (4.4)는 $|x-x_0|<R$로 정의된 구간에서 수렴한다.

미분방정식 (4.2)에 대한 멱급수해

$$y=\sum_{n=0}^{\infty}c_n(x-x_0)^n$$

를 **통상점** $x_0$에 관한 해라 한다. 그리고 정리 4.1에 나타난 거리 $R$은 멱급수해의 수렴 반경에 해당한다.

【예제 2】 미분방정식 $y''+xy=0$의 해를 멱급수로 구하여라.

풀이 주어진 방정식에 대한 특이점은 없다. 따라서, 정리 4.1에 의하여, $|x|<\infty$인 모든 $x$에 대하여 수렴하는 0을 중심으로 한 두 멱급수해가 존재한다. 여기서

$$y=\sum_{n=0}^{\infty}c_nx^n$$

과 2계 도함수

$$y''=\sum_{n=2}^{\infty}n(n-1)c_nx^{n-2}$$

를 주어진 방정식에 대입하면

$$\begin{aligned} y''+xy &= \sum_{n=2}^{\infty}c_nn(n-1)x^{n-2}+x\sum_{n=0}^{\infty}c_nx^n \\ &= \sum_{n=2}^{\infty}c_nn(n-1)x^{n-2}+\sum_{n=0}^{\infty}c_nx^{n+1} \qquad (4.5) \\ &= 2c_2+\sum_{k=1}^{\infty}[(k+1)(k+2)c_{k+2}+c_{k-1}]x^k \end{aligned}$$

이다. 여기서 $y''+xy=0$이 되려면 식 (4.5)에 나타난 각 계수가 모두 0이 되어야 한다. 즉, $2c_2=0$이고

$$(k+1)(k+2)c_{k+2}+c_{k-1}=0 \ (k=1, 2, 3, \cdots) \tag{4.6}$$

이 되어야 한다. 따라서 $c_2=0$이고 $k=1, 2, 3, \cdots$에 대해서

$$c_{k+2}=\frac{c_{k-1}}{(k+1)(k+2)} \tag{4.7}$$

이다. 그러므로

$$\begin{aligned}
c_3 &= -\frac{c_0}{2\cdot 3} \\
c_4 &= -\frac{c_1}{3\cdot 4} \\
c_5 &= -\frac{c_2}{4\cdot 5}=0 \\
c_6 &= -\frac{c_3}{5\cdot 6}=\frac{1}{2\cdot 3\cdot 5\cdot 6}c_0 \\
c_7 &= -\frac{c_4}{6\cdot 7}=\frac{1}{3\cdot 4\cdot 6\cdot 7}c_1 \\
c_8 &= -\frac{c_5}{7\cdot 8}=0 \\
c_9 &= -\frac{c_6}{8\cdot 9}=-\frac{1}{2\cdot 3\cdot 5\cdot 6\cdot 8\cdot 9}c_0 \\
c_{10} &= -\frac{c_7}{9\cdot 10}=-\frac{1}{3\cdot 4\cdot 6\cdot 7\cdot 9\cdot 10}c_1 \\
c_{11} &= -\frac{c_8}{410\cdot 11}=0 \\
&\ \vdots
\end{aligned}$$

이다. 여기서 $c_1$과 $c_2$을 임의의 상수로 놓으면, 구하고자 하는 해는

$$\begin{aligned}
y &= \sum_{n=0}^{\infty} c_n x^n \\
&= c_0+c_1x-\frac{c_0}{2\cdot 3}x^3-\frac{c_1}{3\cdot 4}x^4+\frac{c_0}{2\cdot 3\cdot 5\cdot 6}x^6 \\
&\quad +\frac{c_1}{3\cdot 4\cdot 6\cdot 7}x^7-\frac{c_0}{2\cdot 3\cdot 5\cdot 6\cdot 8\cdot 9}x^9-\frac{c_1}{3\cdot 4\cdot 6\cdot 7\cdot 9\cdot 10}x^{10}+\cdots
\end{aligned}$$

$$=c_0\left(1-\frac{1}{2\cdot 3}x^3+\frac{1}{2\cdot 3\cdot 5\cdot 6}x^6-\frac{1}{2\cdot 3\cdot 5\cdot 6\cdot 8\cdot 9}x^9+\cdots\right)$$
$$+c_1\left(x-\frac{1}{3\cdot 4}x^4+\frac{1}{3\cdot 4\cdot 6\cdot 7}x^7-\frac{1}{3\cdot 4\cdot 6\cdot 7\cdot 9\cdot 10}x^{10}+\cdots\right)$$

이다. 여기서

$$y_1(x)=1+\sum_{k=1}^{\infty}\frac{(-1)^k}{2\cdot 3\cdots(3k-1)(3k)}x^{3k}$$
$$=1-\frac{1}{2\cdot 3}x^3+\frac{1}{2\cdot 3\cdot 5\cdot 6}x^6-\frac{1}{2\cdot 3\cdot 5\cdot 6\cdot 8\cdot 9}x^9+\cdots$$
$$y_2(x)=x+\sum_{k=1}^{\infty}\frac{(-1)^k}{3\cdot 4\cdots(3k)(3k+1)}x^{3k+1}$$
$$=x-\frac{1}{3\cdot 4}x^4+\frac{1}{3\cdot 4\cdot 6\cdot 7}x^7-\frac{1}{3\cdot 4\cdot 6\cdot 7\cdot 9\cdot 10}x^{10}+\cdots$$

으로 놓으면, 구하고자 하는 해는

$$y(x)=c_0y_1(x)+c_1y_1(x)\ \ (c_0,\ c_1\text{는 임의의 상수})$$

이다. □

【예제 3】 미분방정식 $(x^2+1)y''+xy'-y=0$의 해를 멱급수로 구하여라.

풀이 주어진 방정식에 대하여 $x=\pm i$가 특이점이다. 따라서 주어진 방정식의 멱급수해는 0을 중심으로 반경이 1인 $x$에 대해서 수렴한다. 즉 $|x|<1$인 $x$에 대하여 멱급수해가 수렴한다. 이제 $y=\sum_{n=0}^{\infty}c_nx^n$을 주어진 식에 대입하면

$$0=(x^2+1)y''+xy'-y$$
$$=(x^2+1)\sum_{n=2}^{\infty}n(n-1)c_nx^{n-2}+x\sum_{n=1}^{\infty}nc_nx^{n-1}-\sum_{n=0}^{\infty}c_nx^n$$
$$=\sum_{n=2}^{\infty}n(n-1)c_nx^n+\sum_{n=2}^{\infty}n(n-1)c_nx^{n-2}+\sum_{n=1}^{\infty}nc_nx^n-\sum_{n=0}^{\infty}c_nx^n$$
$$=2c_2-c_0+6c_3x+c_1x-c_1x+\sum_{n=2}^{\infty}n(n-1)c_nx^n$$
$$+\sum_{n=4}^{\infty}n(n-1)c_nx^{n-2}+\sum_{n=2}^{\infty}nc_nx^n-\sum_{n=2}^{\infty}c_nx^n$$

$$=2c_2-c_0+6c_3x+\sum_{n=2}^{\infty}[k(k-1)c_k+(k+2)(k+1)c_{k+2}+kc_k-c_k]x^k$$

$$=2c_2-c_0+6c_3x+\sum_{n=2}^{\infty}[(k+1)(k-1)c_k+(k+2)(k+1)c_{k+2}]x^k$$

이다. 따라서 $2c_2-c_0=0$, $6c_3=0$이고

$$(k+1)(k-1)c_k+(k+2)(k+1)c_{k+2}=0$$

이다. 이로부터

$$\begin{aligned} c_2 &= \frac{1}{2}c_0 \\ c_3 &= 0 \\ c_{k+2} &= \frac{1-k}{k+2}c_k \quad (k=2,\ 3,\ 4,\ \cdots) \end{aligned}$$

임을 알 수 있다. 여기서 $k=2,\ 3,\ 4,\ \cdots$를 대입하면

$$\begin{aligned} c_4 &= -\frac{1}{4}c_2=-\frac{1}{2\cdot 4}c_0=-\frac{1}{2^2 2!}c_0 \\ c_5 &= -\frac{2}{5}c_3=0 \\ c_6 &= -\frac{3}{6}c_4=\frac{3}{2\cdot 4\cdot 6}c_0=\frac{1\cdot 3}{2^3 3!}c_0 \\ c_7 &= -\frac{4}{7}c_5=0 \\ c_8 &= -\frac{5}{8}c_6=-\frac{3\cdot 5}{2\cdot 4\cdot 6\cdot 8}c_0=-\frac{1\cdot 3\cdot 5}{2^4 4!}c_0 \\ c_9 &= -\frac{6}{9}c_7=0 \\ c_{10} &= -\frac{7}{10}c_8=\frac{3\cdot 5\cdot 7}{2\cdot 4\cdot 6\cdot 8\cdot 10}c_0=\frac{1\cdot 3\cdot 5\cdot 7}{2^5 5!}c_0 \\ &\vdots \end{aligned}$$

이다. 그러므로 구하고자 하는 해는

$$\begin{aligned} y(x) &= \sum_{k=0} c_k x^k \\ &= c_0\left(1+\frac{1}{2}x^2-\frac{1}{2^2 2!}x^4+\frac{1\cdot 3}{2^3 3!}x^6-\frac{1\cdot 3\cdot 5}{2^4 4!}x^8+\frac{1\cdot 3\cdot 5\cdot 7}{2^5 5!}x^{10}-\cdots\right) \\ &\quad +c_1x \end{aligned}$$

이다. □

【예제 4】 미분방정식 $y''-(1+x)y=0$의 해를 $y=\sum_{n=0}^{\infty}c_nx^n$형태의 멱급수로 구하여라.

풀이 주어진 방정식에 대한 멱급수해를 $y=\sum_{n=0}^{\infty}c_nx^n$이라 놓고 주어진 식에 대입하면, 다음과 같은 관계식을 얻는다.

$$c_2=\frac{1}{2}c_0,\ c_{k+2}=\frac{c_k+c_{k-1}}{(k+1)(k+2)}\ (k=1,\ 2,\ 3,\ \cdots)$$

위의 관계식에서 계수 $c_3$, $c_4$, $c_5$, $\cdots$가 모두 $c_0$와 $c_1$에 의하여 표현된다는 것을 알 수 있다. 계산을 간단히 하기 위하여 우선 $c_0\neq 0$이라 하고 $c_1=0$으로 놓으면, $c_2$, $c_3$, $c_4$, $c_5$, $\cdots$가

$$\begin{aligned}
c_2 &= \frac{1}{2}c_0 \\
c_3 &= \frac{c_1+c_0}{2\cdot 3}=\frac{c_0}{2\cdot 3}=\frac{1}{6}c_0 \\
c_4 &= \frac{c_2+c_1}{3\cdot 4}=\frac{c_0}{2\cdot 3\cdot 4}=\frac{1}{24}c_0 \\
c_5 &= \frac{c_3+c_2}{4\cdot 5}=\frac{c_0}{4\cdot 5}\left(\frac{1}{6}+\frac{1}{2}\right)=\frac{1}{30}c_0 \\
&\ \vdots
\end{aligned}$$

와 같이 $c_0$에 관한 식으로 표현됨을 알 수 있다. 다음으로 $c_0=0$으로 놓고 $c_1\neq 0$이라 하면

$$\begin{aligned}
c_2 &= \frac{1}{2}c_0=0 \\
c_3 &= \frac{c_1+c_0}{2\cdot 3}=\frac{c_1}{2\cdot 3}=\frac{1}{6}c_1 \\
c_4 &= \frac{c_2+c_1}{3\cdot 4}=\frac{c_1}{3\cdot 4}=\frac{1}{12}c_1 \\
c_5 &= \frac{c_3+c_2}{4\cdot 5}=\frac{c_1}{4\cdot 5\cdot 6}=\frac{1}{120}c_1 \\
&\ \vdots
\end{aligned}$$

으로 표현된다. 따라서 주어진 방정식에 대한 선형독립인 두 해는

$$y_1(x) = c_0\left(1+\frac{1}{2}x^2+\frac{1}{6}x^3+\frac{1}{24}x^4+\frac{1}{30}x^5+\cdots\right)$$
$$y_2(x) = c_1\left(x+\frac{1}{6}x^3+\frac{1}{12}x^4+\frac{1}{120}x^5+\cdots\right)$$

이므로 구하고자 하는 일반해는 $y=y_1(x)+y_2(x)$이다. 이 급수해는 모든 실수 $x$에 대하여 수렴한다. □

【예제 5】 미분방정식 $y''+(\cos x)y=0$의 해를 멱급수로 구하여라.

풀이 $\cos x$는 $x=0$을 중심으로 한 멱급수

$$\cos x = 1-\frac{x^2}{2!}+\frac{x^4}{4!}-\frac{x^6}{6!}+\cdots$$

로 전개되므로 $x=0$가 주어진 방정식에 대하여 통상점이다. 또한 주어진 방정식은 특이점을 갖지 않으므로 멱급수해의 수렴구간은 $(-\infty, \infty)$이다. 여기서 주어진 방정식의 해를 $y=\sum_{n=0}^{\infty}c_n x^n$으로 놓으면

$$\begin{aligned}
y''+(\cos x)y &= \sum_{n=2}^{\infty}n(n-1)c_n x^{n-2}+\left(1-\frac{x^2}{2!}+\frac{x^4}{4!}-\cdots\right)\sum_{n=0}^{\infty}c_n x^n \\
&= (2c_2+6c_3x+12c_4x^2+20c_5x^3+\cdots) \\
&\quad +\left(1-\frac{x^2}{2}+\frac{x^4}{24}-\cdots\right)(c_0+c_1x+c_2x^2+c_3x^3+\cdots) \\
&= (2c_2+c_0)+(6c_3+c_1)+\left(12c_4+c_2-\frac{1}{2}c_0\right)x^2 \\
&\quad +\left(20c_5+c_3-\frac{1}{2}c_1\right)x^3+\cdots
\end{aligned}$$

이다. 따라서

$$\begin{aligned}
2c_2+c_0 &= 0 \\
6c_3+c_1 &= 0 \\
12c_4+c_2-\frac{1}{2}c_0 &= 0 \\
20c_5+c_3-\frac{1}{2}c_1 &= 0
\end{aligned}$$

등과 같은 식을 얻는다. 여기서 $c_0$와 $c_1$을 임의의 상수라 하면, 서로 다른 두 해

는

$$y_1(x) = c_0\left(1 - \frac{1}{2}x^2 + \frac{1}{12}x^4 - \cdots\right)$$
$$y_2(x) = c_1\left(x - \frac{1}{6}x^3 + \frac{1}{30}x^5 - \cdots\right)$$

이므로 구하고자 하는 일반해는 $y=y_1(x)+y_2(x)$이다. 이 급수해는 모든 실수 $x$에 대하여 수렴한다. □

## 연습문제(4.1)

1. 주어진 멱급수의 수렴반경과 수렴구간을 정하여라.

(1) $\sum_{n=1}^{\infty}\frac{2^n}{n}x^n$  (2) $\sum_{n=1}^{\infty}\frac{(100)^n}{n!}(x+7)^n$

(3) $\sum_{n=1}^{\infty}\frac{(-1)^n}{10^n}(x-5)^n$  (4) $\sum_{n=1}^{\infty}n!(x-1)^n$

2. 점 $x=0$은 주어진 함수의 해석점이다. 주어진 함수에 대해서 $x$에 관한 멱급수의 처음 4항을 구하여라.

(1) $\sin x \cos x$  (2) $e^{-x}\cos x$

(3) $\frac{1}{\cos x}$  (4) $\frac{1-x}{1+x}$

3. 다음에 주어진 멱급수가 주어진 미분방정식의 특수해가 됨을 보여라.

(1) $y=\sum_{n=1}^{\infty}\frac{(-1)^{n+1}}{n}x^n$, $(x+1)y''+y'=0$

(2) $y=\sum_{n=1}^{\infty}\frac{(-1)^n}{2^{2n}(n!)^2}x^{2n}$, $xD^2y+Dy+xy=0$

4. 다음 미분방정식에 대해서 통상점 $x=0$에 관한 두 개의 멱급수해를 구하여라.

(1) $y''+x^2y=0$  (2) $y''-xy'+2y=0$

(3) $y''+2xy'+2y=0$ (4) $(x+2)y''+xy'-y=0$

(5) $(x^2+1)D^2y-6y=0$ (6) $(x^2-1)D^2y+xDy-y=0$

5. 주어진 초기값문제의 해를 멱급수해로 구하여라.

(1) $(x-1)y''-xy'+y=0,\ y(0)=-2,\ y'(0)=6$

(2) $(x+1)y''-(2-x)y'+y=0,\ y(0)=2,\ y'(0)=-1$

(3) $y''-2xy'+8y=0,\ y(0)=3,\ y'(0)=0$

(4) $(x^2+1)y''+2xy'=0,\ y(0)=0,\ y'(0)=1$

6. 주어진 미분방정식에 대한 서로 다른 두 개의 해를 통상점 $x=0$에 관한 멱급수해로 구하여라.

(1) $y''+(\sin x)y=0$ (2) $y''+e^xy-y=0$

## 4.2 특이점에 관한 해

앞절에서 우리는 2계 선형방정식

$$a_2(x)y''+a_1(x)y'+a_0(x)y=0 \tag{4.8}$$

의 해를 통상점 $x_0$을 중심으로 한 멱급수해로 구할 수 있음을 보였다. 그러나 $x_0$가 특이점인 경우에는 해를

$$y=\sum_{n=0}^{\infty}c_n(x-x_0)^n$$

형식의 멱급수해로 구할 수 없다. 그런데 이러한 경우에 대해서 적당한 상수 $r$이 존재하여

$$y=\sum_{n=0}^{\infty}c_n(x-x_0)^{n+r}$$

형식의 급수해를 가질 수가 있다. 여기서 상수 $r$은 주어진 방정식에 의하여 결정되며 $r\geq 0$인 경우에는 해

$$y=\sum_{n=0}^{\infty}c_n(x-x_0)^{n+r}$$

은 멱급수가 아님을 알게 될 것이다.

특이점은 확정특이점과 불확정특이점으로 구분된다. 이러한 개념을 소개하기 위하여 먼저 미분방정식 (4.8)을 표준형

$$y''+P(x)y'+Q(x)y=0 \tag{4.9}$$

으로 변환한다.

**〈정의 4.2〉 확정특이점과 불확정특이점**

식 (4.9)에서 $(x-x_0)P(x)$와 $(x-x_0)^2Q(x)$가 모두 $x_0$에서 해석적일 때, 점 $x_0$을 미분방정식 (4.8)의 **확정특이점(regular singular point)**이라 한다. 그리고 확정특이점이 아닌 특이점을 **불확정특이점(irregular singular point)**이라 한다.

【예제 1】 미분방정식

$$x^2(1+x)^2y''+x(4-x^2)y'+(2+3x)y=0$$

에 대하여 생각해 보도록 하자. 이 방정식을 표준형으로 변환하면

$$y''+\frac{4-x^2}{x(x+1)^2}y'+\frac{2+3x}{x^2(x+1)^2}y=0$$

이다. 여기서 보면

$$P(x)=\frac{4-x^2}{x(x+1)^2} \text{ 와 } Q(x)=\frac{2+3x}{x^2(x+1)^2}$$

는 모두 $x\to 0$ 또는 $x\to -1$일 때 $\infty$로 발산하므로, $x=0$과 $x=-1$이 주어진 방정식의 특이점임을 알 수 있다. 그런데

$$xP(x)=\frac{4-x^2}{(x+1)^2} \text{ 와 } x^2Q(x)=\frac{2+3x}{(x+1)^2}$$

가 모두 $x=0$에서 해석적이므로, $x=0$은 주어진 미분방정식에 대하여 확정특이점이 된다. 그러나

$$(x+1)^2Q(x)=\frac{2+3x}{x^2}$$

은 $x=-1$에서 해석적인 반면에

$$(x+1)P(x)=\frac{4-x^2}{x^2(x+1)}$$

는 $x=-1$에서 해석적이 아니므로, $x=-1$은 주어진 방정식에 대하여 불확정특이점이 된다.

【예제 2】 미분방정식

$$x^2(x+1)^2y''+(x^2-1)y'+2y=0$$

에 대하여 생각해 보자. 이 방정식을 표준형으로 변환하면

$$y''+\frac{x-1}{x^2(x+1)}y'+\frac{2}{x^2(x+1)^2}y=0$$

이다. 여기서 보면

$$P(x)=\frac{x-1}{x^2(x+1)} \text{ 와 } Q(x)=\frac{2}{x^2(x+1)^2}$$

은 모두 $x\to 0$ 또는 $x\to -1$일 때 $\infty$로 발산하므로 $x=0$과 $x=-1$이 모두 특이점이다. 그런데

$$xP(x)=\frac{x-1}{x(x+1)}$$

가 $x=0$에서 해석적이 아니므로 $x=0$은 주어진 미분방정식에 대하여 불확정특이점이다. 하지만

$$(x+1)P(x)=\frac{x-1}{x^2} \text{ 와 } (x+1)^2Q(x)=\frac{2}{x^2}$$

가 모두 $x=-1$에서 해석적이므로 $x=-1$은 확정특이점이다.

【예제 3】 미분방정식

$$x^4y''+(x^2\sin x)y'+(1-\cos x)y=0$$

을 생각하자. 이 방정식을 표준형으로 변환하면

$$y''+\frac{\sin x}{x^2}y'+\frac{1-\cos x}{x^4}y=0$$

이다. 이 방정식으로부터 $x=0$이 주어진 방정식의 특이점임을 알 수 있다. 그런데

$$\lim_{x\to 0} xP(x) = \lim_{x\to 0} \frac{\sin x}{x} = 1$$

이고

$$\lim_{x\to 0} x^2Q(x) = \frac{1-\cos x}{x^2} = \lim_{x\to 0} \frac{\sin x}{2x} = \frac{1}{2}$$

이므로, $x=0$은 주어진 방정식에 대하여 확정특이점이 된다. 다른 한편으로

$$\begin{aligned} xP(x) &= \frac{\sin x}{x} = \frac{1}{x}\left(x - \frac{x^3}{3!} + \frac{x^5}{5!} - \cdots\right) \\ &= 1 - \frac{x^2}{3!} + \frac{x^4}{5!} - \cdots \end{aligned}$$

와

$$\begin{aligned} x^2Q(x) &= \frac{1-\cos x}{x^2} = \frac{1}{x^2}\left[1 - \left(1 - \frac{x^2}{2!} + \frac{x^4}{4!} - \frac{x^6}{6!} + \cdots\right)\right] \\ &= \frac{1}{2!} - \frac{x^2}{4!} + \frac{x^4}{6!} - \cdots \end{aligned}$$

을 통하여 $xP(x)$와 $x^2Q(x)$가 $x=0$에서 모두 해석적임을 알 수 있다.

【예제 4】 (1) 미분방정식

$$(1-x^2)y'' - 2xy'' - 2xy' + 30y = 0$$

에 대해서 $x=\pm 1$은 확정특이점이다.

(2) 미분방정식

$$x^3y'' - 2xy' + 5y = 0$$

에 대하여 $x=0$은 불확정특이점이다. 왜냐하면 주어진 방정식을 표준형으로 변환하면

$$y'' - \frac{2}{x^2}y' + \frac{5}{x^3}y = 0$$

이고 $xP(x)=-\dfrac{2}{x}$와 $x^2Q(x)=\dfrac{5}{x}$가 모두 $x=0$에서 해석적이 아니기 때문이다.

(3) 미분방정식

$$xy''-2xy'+5y=0$$

에 대해서 $x=0$은 확정특이점이다. 이 방정식을 표준형으로 변환하면

$$y''-2y'+\frac{5}{x}y=0$$

이고 $P(x)=-2$와 $Q(x)=\dfrac{5}{x}$의 분모에 각각 $x$와 $x^2$이 나타나 있지 않다는 것을 알 수 있다.

【예제 5】 구간 $(0, \infty)$에서 $y_1=x^2$과 $y_2=x^2\ln x$는 코오시-오일러 방정식

$$x^2y''-3xy'+4y=0$$

에 대하여 선형독립인 해가 된다. 여기서 보면 $x=0$이 주어진 미분방정식의 확정특이점에 해당함을 알 수 있다. 실제로 통상점에서 멱급수해를 구하는 방식인 정리 4.1을 적용하여 $y=\sum_{n=0}^{\infty}c_nx^n$를 해로 간주하여 구하면 한 해 $y_1=x^2$만을 얻을 수 있다. 여기서 두 번째 해 $y_2=x^2\ln x$를 $x=0$에 관한 테일러급수로 구할 수 없다는 것이 이상한 일은 아니다. 실제로 $y_2=x^2\ln x$는 $x$에 관한 멱급수로 표현되지 않는다.

【예제 6】 미분방정식 $6x^2y''+5xy'+(x^2-1)y=0$은 $x=0$을 확정특이점으로 갖는다. 그런데 이 방정식은

$$y=c_n\sum_{n=0}^{\infty}x^n$$

형식의 급수해를 갖지 않는다. 하지만 다음에 소개할 방법을 통해서

$$y=\sum_{n=0}^{n} c_n x^{n+\frac{1}{2}} \text{ 와 } y=\sum_{n=0}^{n} c_n x^{n-\frac{1}{3}}$$

형태의 두 해를 가질 수 있음을 알게 될 것이다.

식 (4.8)과 같은 미분방정식을 확정특이점에 관한 식으로 풀려면 다음 정리가 필요하다.

**정리 4.2 (프로베니우스의 방법)** $x=x_0$가 미분방정식 (4.8)의 확정특이점이면,

$$y=\sum_{n=0}^{\infty} c_n (x-x_0)^{n+r} \tag{4.10}$$

과 같은 급수해를 적어도 한 개 이상 갖는다. 여기서 $r$은 주어진 미분방정식 (4.8)에 의하여 결정되는 상수이다. 그리고 급수해 적당한 급수해 (4.10) 적당한 구간 $0 < x-x_0 < R$에서 수렴한다.

정리 4.1에서는 선형독립인 두 해가 존재함을 보장한 반면에 정리 4.2에서는 단 하나의 해만이 존재할 수도 있음을 의미한다. 프로베니우스 방법은 먼저 통상특이점 $x_0$을 확인한 다음 급수

$$\sum_{n=0}^{\infty} c_n (x-x_0)^{n+r}$$

을 주어진 방정식에 대입하여 지수 $r$과 계수 $c_n$들을 결정하는 방식으로 이루어진다.

【예제 7】 미분방정식

$$3xy''+y'-y=0 \tag{4.11}$$

의 해를 프로베니우스 방법을 써서 통상특이점에 관한 멱급수로 구하여라.

풀이 $x_0=0$이 주어진 미분방정식 (4.11)의 통상특이점임을 알 수 있다. 이제

$$y=\sum_{n=0}^{\infty}c_nx^{n+r}$$

을 주어진 방정식의 해라 하자. 그러면

$$y'=\sum_{n=0}^{\infty}(n+r)c_nx^{n+r-1} \text{ 이고 } y''=\sum_{n=0}^{\infty}(n+r)(n+r-1)c_nx^{n+r-2}$$

이므로

$$\begin{aligned}
0&=3xy''+y'-y\\
&=3\sum_{n=0}^{\infty}(n+r)(n+r-1)c_nx^{n+r-1}+\sum_{n=0}^{\infty}(n+r)c_nx^{n+r-1}-\sum_{n=0}^{\infty}c_nx^{n+r}\\
&=\sum_{n=0}^{\infty}(n+r)(3n+3r-2)c_nx^{n+r-1}-\sum_{n=0}^{\infty}c_nx^{n+r}\\
&=x^r\left[r(3r-2)c_0x^{-1}+\sum_{n=1}^{\infty}(n+r)(3n+3r-2)c_nx^{n-1}-\sum_{n=0}^{\infty}c_nx^n\right]\\
&=x^r\left[r(3r-2)c_0x^{-1}+\sum_{k=0}^{\infty}[(k+r+1)(3k+3r+1)c_{k+1}-c_k]x^k\right]
\end{aligned}$$

이다. 따라서

$$r(3r-2)c_0=0$$

이고

$$(k+r+1)(3k+3r+1)c_{k+1}-c_k=0 \quad (k=0,\ 1,\ 2,\ \cdots) \tag{4.12}$$

이다. 여기서 $c_0=0$은 아무런 의미를 갖지 못하므로

$$r(3r-2)=0 \tag{4.13}$$

이고

$$c_{k+1}=\frac{c_k}{(k+r+1)(3k+3r+1)} \quad (k=0,\ 1,\ 2,\ \cdots) \tag{4.14}$$

이다. 식 (4.13)으로부터 $r=0$ 또는 $r=\dfrac{2}{3}$를 얻게 되며 식 (4.14)에서 다음 두 관계식을 얻는다.

$$r_1=0,\ c_{k+1}=\frac{c_k}{(k+1)(3k+1)}\ (k=0,\ 1,\ 2,\ \cdots) \tag{4.15}$$

$$r_2=\frac{2}{3},\ c_{k+1}=\frac{c_k}{(3k+5)(k+1)}\ (k=0,\ 1,\ 2,\ \cdots) \tag{4.16}$$

식 (4.15)에 의하여

$$\begin{aligned}
c_1 &= \frac{c_0}{1\cdot 1}\\
c_2 &= \frac{c_1}{2\cdot 4} = \frac{c_0}{2!\cdot 1\cdot 4}\\
c_3 &= \frac{c_2}{3\cdot 7} = \frac{c_0}{3!\cdot 1\cdot 4\cdot 7}\\
c_4 &= \frac{c_3}{4\cdot 10} = \frac{c_0}{4!\cdot 1\cdot 4\cdot 7\cdot 10}\\
&\ \vdots\\
c_n &= \frac{c_0}{n!1\cdot 4\cdot 7\cdots(3n-2)}\ (n=1,\ 2,\ 3,\ \cdots)
\end{aligned}$$

을 얻는다. 또한 식 (4.16)에 의하여

$$\begin{aligned}
c_1 &= \frac{c_0}{5\cdot 1}\\
c_2 &= \frac{c_1}{8\cdot 2} = \frac{c_0}{2!\cdot 5\cdot 8}\\
c_3 &= \frac{c_2}{11\cdot 3} = \frac{c_0}{3!\cdot 5\cdot 8\cdot 11}\\
c_4 &= \frac{c_3}{14\cdot 4} = \frac{c_0}{4!\cdot 5\cdot 8\cdot 11\cdot 14}\\
&\ \vdots\\
c_n &= \frac{c_0}{n!5\cdot 8\cdot 11\cdots(3n+2)}\ (n=1,\ 2,\ 3,\ \cdots)
\end{aligned}$$

을 얻는다. 그러므로 다음과 같은 서로 다른 두 해를 얻는다.

$$y_1(x)=c_0\left[1+\sum_{n=1}^{\infty}\frac{1}{n!1\cdot 4\cdot 7\cdots(3n-2)}x^n\right] \tag{4.17}$$

$$y_2(x) = c_0 x^{\frac{2}{3}}\left[1 + \sum_{n=1}^{\infty} \frac{1}{n!5 \cdot 8 \cdot 11 \cdots (3n+2)} x^n\right] \tag{4.18}$$

비율판정법에 의하여 모든 실수 $x$에 대하여 두 급수 (4.17)과 (4.18)이 수렴한다는 것을 알 수 있다. □

위의 예제는 프로베니우스 방법을 써서 주어진 미분방정식의 해를 구하는 일반적인 절차를 보여준 것이다. 여기서는 주어진 2계 미분방정식에 대한 서로 다른 두 해를 멱급수해로 구할 수 있었다. 그러나 앞에서도 언급한 바와 같이 프로베니우스 방법을 써서 주어진 미분방정식의 해를 다 구할 수 있는 것은 아니다.

예제 7의 풀이 과정에서 나타난 미분방정식 (4.13)을 식 (4.11)에 대한 **결정방정식**(indicial equation)이라 하고 결정방정식의 근을 주어진 특이점 $x_0$에 대한 **결정근**(indicial root) 또는 **결정지수**(indicial exponent)라 한다.

일반적으로 $x=0$이 주어진 미분방정식 (4.8)에 대한 통상특이점이면 표준방정식 (4.9)로부터 얻어진 두 함수 $xP(x)$와 $x^2Q(x)$가 모두 $x=0$에서 해석적이어야 한다. 즉, 급수전개

$$\begin{aligned} xP(x) &= p_0 + p_1 x + p_2 x^2 + \cdots \\ x^2Q(x) &= q_0 + q_1 x + q_2 x^2 + \cdots \end{aligned} \tag{4.19}$$

가 적당한 구간 안에서 가능하며 양의 수렴반경을 갖게 된다. 추정해

$$y = \sum_{n=0}^{\infty} c_n x^{n+r}$$

를 식 (4.8) 또는 (4.9)에 대입하면 $r$에 관한 2차 결정방정식

$$r(r-1) + p_0 r + q_0 = 0 \tag{4.20}$$

을 얻게 된다. 이 결정방정식 (4.20)으로부터 결정근들을 구하여 식 (4.14)와 같은 반복식에 대입함으로써 정리 4.2에서 언급한 바와 같은 멱급수해를 얻을 수 있게 된다.

프로베니우스 방법을 써서 결정근들의 성질에 따라서 크게 3가지 유형의 해를 갖는다는 것을 알 수 있다. 여기서 $r_1$과 $r_2$가 결정방정식 (4.20)의 두 실수근이라 하고

$r_1 \geq r_2$라 하자.

<u>경우 Ⅰ : 두 근의 차가 양의 정수인 경우</u>

$r_1 - r_2$가 양의 정수인 경우에는 미분방정식 (4.8)은 다음과 같은 선형독립인 두 해를 갖는다.

$$\begin{aligned} y_1(x) &= \sum_{n=0}^{\infty} c_n x^{n+r_1} \ (c_0 \neq 0) \\ y_2(x) &= C y_1(x) \ln x + \sum_{n=0}^{\infty} b_n x^{n+r_2} \ (b_0 \neq 0,\ C \in \mathbb{R}) \end{aligned} \tag{4.21}$$

<u>경우 Ⅱ : 두 근의 차가 정수가 아닌 실수인 경우</u>

$r_1 - r_2$가 정수가 아닌 실수인 경우에는 미분방정식 (4.8)은 다음과 같은 선형독립인 두 해를 갖는다.

$$\begin{aligned} y_1(x) &= \sum_{n=0}^{\infty} c_n x^{n+r_1} \ (c_0 \neq 0) \\ y_2(x) &= \sum_{n=0}^{\infty} b_n x^{n+r_2} \ (b_0 \neq 0) \end{aligned} \tag{4.22}$$

<u>경우 Ⅲ : 두 근이 서로 같은 경우</u>

$r_1 = r_2$인 경우에는 미분방정식 (4.8)은 다음과 같은 선형독립인 두 해를 갖는다.

$$\begin{aligned} y_1(x) &= \sum_{n=0}^{\infty} c_n x^{n+r_1} \ (c_0 \neq 0) \\ y_2(x) &= y_1(x) \ln x + \sum_{n=1}^{\infty} b_n x^{n+r_2} \end{aligned} \tag{4.23}$$

**【예제 8】** 미분방정식

$$xy'' + (x-6)y' - 3y = 0 \tag{4.24}$$

의 해를 프로베니우스의 방법을 써서 구하여라.

풀이 $x=0$이 주어진 방정식의 확정특이점이다. 여기서

$$y=\sum_{n=0}^{\infty}c_n x^{n+r}$$

을 주어진 방정식의 해라 하자. 그러면

$$\begin{aligned}
0&=xy''+(x-6)y'-3y\\
&=\sum_{n=0}^{\infty}(n+r)(n+r-1)c_n x^{n+r-1}-6\sum_{n=0}^{\infty}(n+r)c_n x^{n+r-1}\\
&\quad+\sum_{n=0}^{\infty}(n+r)c_n x^{n+r}-3\sum_{n=0}^{\infty}c_n x^{n+r}\\
&=x^r\left[r(r-7)c_0x^{-1}+\sum_{n=1}^{\infty}(n+r)(n+r-7)c_n x^{n-1}+\sum_{n=0}^{\infty}(n+r-3)c_n x^n\right]\\
&=x^r\left[r(r-7)c_0x^{-1}+\sum_{k=0}^{\infty}[(k+r+1)(k+r-6)c_{k+1}+(k+r-3)c_k]x^k\right]
\end{aligned}$$

이다. 따라서 결정방정식은 $r(r-7)=0$이고 $r_1=7$이며 $r_2=0$이다. $r_1-r_2=7$이므로 두 결정근의 차가 정수이다. 또한 반복식은

$$(k+r+1)(k+r-6)c_{k+1}+(k+r-3)c_k=0\ (k=0,\ 1,\ 2,\ \cdots) \tag{4.25}$$

이다. 식 (4.25)에 $r_2=0$을 대입하면

$$(k+1)(k-6)c_{k+1}+(k-3)c_k=0\ (k=0,\ 1,\ 2,\ \cdots) \tag{4.26}$$

이다. 여기서 $k=6$이면 $k-6=0$이므로 $c_7$은 반복식 (4.26)으로부터 구할 수 없으므로 $c_7$을 임의의 상수로 놓는다. 그러면 반복식 (4.26)에 의하여

$$\begin{aligned}
&1\cdot(-6)c_1+(-3)c_0=0\\
&2\cdot(-5)c_2+(-2)c_1=0\\
&3\cdot(-4)c_3+(-1)c_2=0\\
&4\cdot(-3)c_4+0\cdot c_3=0\\
&5\cdot(-2)c_5+1\cdot c_4=0\\
&6\cdot(-1)c_5+2\cdot c_5=0\\
&7\cdot 0\cdot c_5+3\cdot c_6=0
\end{aligned}$$

이므로

$$
\begin{aligned}
c_1 &= -\frac{1}{2}c_0 \\
c_2 &= -\frac{1}{5}c_1 = \frac{1}{10}c_0 \\
c_3 &= -\frac{1}{12}c_2 = -\frac{1}{120}c_0 \\
c_4 &= c_5 = c_6 = 0 \\
c_{k+1} &= -\frac{k-3}{(k+1)(k-6)}c_k \ (k \geq 7)
\end{aligned}
\tag{4.27}
$$

이다. 위의 반복식으로부터 나머지 항들을 계산하면

$$
\begin{aligned}
c_8 &= -\frac{4}{8\cdot 1}c_7 \\
c_9 &= -\frac{5}{9\cdot 2}c_8 = \frac{4\cdot 5}{2!8\cdot 9}c_7 \\
c_{10} &= -\frac{6}{10\cdot 3}c_9 = -\frac{4\cdot 5\cdot 6}{3!8\cdot 9\cdot 10}c_7 \\
&\vdots \\
c_n &= (-1)^{n+1}\frac{4\cdot 5\cdot 6\cdots(n-4)}{(n-7)!8\cdot 9\cdot 10\cdots n}c_7 \ (n=8,\ 9,\ 10,\ \cdots)
\end{aligned}
\tag{4.28}
$$

이다. 여기서 $c_7=0$으로 택하고 $c_0 \neq 0$이라 하면 다항함수의 해

$$
y_1(x) = c_0\left[1 - \frac{1}{2}x + \frac{1}{10}x^2 - \frac{1}{120}x^3\right]
\tag{4.29}
$$

을 얻는다. 반면에 $c_0=0$으로 놓고 $c_7 \neq 0$이라 하면 무한급수로 주어지는 해

$$
y_2(x) = c_7\left[x^7 + \sum_{n=8}^{\infty}\frac{(-1)^{n+1}4\cdot 5\cdot 6\cdots(n-4)}{(n-7)!8\cdot 9\cdot 10\cdots n}x^n\right] \ (|x| < \infty)
\tag{4.30}
$$

을 얻는다. 그러므로 주어진 미분방정식 (4.24)의 일반해는

$$
\begin{aligned}
y &= C_1 y_1(x) + C_2 y_2(x) \\
&= C_1\left[1 - \frac{1}{2}x + \frac{1}{10}x^2 - \frac{1}{120}x^3\right] \\
&\quad + C_2\left[x^7 + \sum_{n=8}^{\infty}\frac{(-1)^{n+1}4\cdot 5\cdot 6\cdots(n-4)}{(n-7)!8\cdot 9\cdot 10\cdots n}x^n\right]
\end{aligned}
$$

이고 수렴구간은 $(0,\ \infty)$이다. □

【예제 9】 미분방정식

$$2xy'' + (1+x)y' + y = 0 \tag{4.31}$$

의 해를 프로베니우스의 방법을 써서 구하여라.

풀이 $x=0$이 주어진 방정식의 확정특이점이다. 여기서

$$y = \sum_{n=0}^{\infty} c_n x^{n+r}$$

을 주어진 방정식의 해라 하자. 그러면

$$\begin{aligned}
0 &= 2xy'' + (1+x)y' + y \\
&= 2\sum_{n=0}^{\infty}(n+r)(n+r-1)c_n x^{n+r-1} + \sum_{n=0}^{\infty}(n+r)c_n x^{n+r-1} \\
&\quad + \sum_{n=0}^{\infty}(n+r)c_n x^{n+r} + \sum_{n=0}^{\infty}c_n x^{n+r} \\
&= \sum_{n=0}^{\infty}(n+r)(2n+2r-1)c_n x^{n+r-1} + \sum_{n=0}^{\infty}(n+r+1)c_n x^{n+r} \\
&= x^r\left[r(2r-1)c_0 x^{-1} + \sum_{n=1}^{\infty}(n+r)(2n+2r-1)c_n x^{n-1} + \sum_{n=0}^{\infty}(n+r+1)c_n x^n\right] \\
&= x^r\left[r(2r-1)c_0 x^{-1} + \sum_{k=0}^{\infty}[(k+r+1)(2k+2r+1)c_{k+1} + (k+r+1)c_k]x^k\right]
\end{aligned}$$

이다. 이로부터 결정방정식

$$r(2r-1) = 0 \tag{4.32}$$

과 반복식

$$(k+r+1)(2k+2r+1)c_{k+1} + (k+r+1)c_k = 0 \quad (k=0,\ 1,\ 2,\ \cdots) \tag{4.33}$$

을 얻는다. 따라서 반복근은 $r_1 = \dfrac{1}{2}$이고 $r_2 = 0$임을 알 수 있다. 두 근의 차가 $r_1 - r_2 = \dfrac{1}{2}$로서 정수가 아니기 때문에, 선형독립인 두 해가

$$y_1(x) = \sum_{n=0}^{\infty} c_n x^{n+\frac{1}{2}} \quad \text{와} \quad y_2(x) = \sum_{n=0}^{\infty} c_n x^n$$

의 형태로 주어진다. $r_1 = \dfrac{1}{2}$을 식 (4.33)에 대입하면

$$c_{k+1} = -\frac{c_k}{2(k+1)} \quad (k=0,\ 1,\ 2,\ \cdots)$$

을 얻는다. 따라서

$$\begin{aligned} c_1 &= -\frac{c_0}{2 \cdot 1} \\ c_2 &= -\frac{c_1}{2 \cdot 2} = \frac{c_0}{2^2 \cdot 2!} \\ c_3 &= -\frac{c_2}{2 \cdot 3} = -\frac{c_0}{2^3 \cdot 3!} \\ &\vdots \\ c_n &= (-)^n \frac{c_0}{2^n n!} \quad (n=1,\ 2,\ 3,\ \cdots) \end{aligned}$$

이다. 그러므로 해

$$y_1(x) = c_0 x^{\frac{1}{2}} \left[ 1 + \sum_{n=1}^{\infty} \frac{(-1)^n}{2^n n!} x^n \right] = c_0 \sum_{n=0}^{\infty} \frac{(-1)^n}{2^n n!} x^{n+\frac{1}{2}} \tag{4.34}$$

을 얻는다. 특히, 이 멱급수 (4.34)는 모든 $x \geq 0$에 대하여 수렴한다. $x < 0$인 경우에는 $x^{\frac{1}{2}}$이 존재하지 않기 때문에 해 (4.34)는 아무런 의미를 갖지 못한다. 이제 $r_2 = 0$을 식 (4.33)에 대입하면

$$c_{k+1} = -\frac{c_k}{2k+1} \quad (k=0,\ 1,\ 2,\ \cdots)$$

을 얻는다. 따라서

$$\begin{aligned} c_1 &= -\frac{c_0}{1} \\ c_2 &= -\frac{c_1}{3} = \frac{c_0}{1 \cdot 3} \\ c_3 &= -\frac{c_2}{5} = -\frac{c_0}{1 \cdot 3 \cdot 5} \\ &\vdots \\ c_n &= (-1)^n \frac{c_0}{1 \cdot 3 \cdot 5 \cdot 7 \cdots (2n-1)} \quad (n=1,\ 2,\ 3,\ \cdots) \end{aligned}$$

이다. 따라서 식 (4.31)의 두번째 해는

$$y_2(x)=c_0\left[1+\sum_{n=1}^{\infty}\frac{(-1)^n}{1\cdot 3\cdot 5\cdot 7\cdots(2n-1)}x^n\right]\ (|x|<\infty) \tag{4.35}$$

이다. 그러므로 구간 $(0,\ \infty)$에서 주어진 미분방정식 (4.31)의 일반해는

$$\begin{aligned} y&=C_1y_1(x)+C_2y_2(x)\\ &=C_1\sum_{n=0}^{\infty}\frac{(-1)^n}{2^n n!}x^{n+\frac{1}{2}}+C_2\left[1+\sum_{n=1}^{\infty}\frac{(-1)^n}{1\cdot 3\cdot 5\cdot 7\cdots(2n-1)}x^n\right]\end{aligned}$$

이다. □

예제 8에서 우리는 두 번째 해를 얻기 위하여 결정근 $r_1=7$을 사용하지 않았다. 왜냐하면 $r_1=7$을 써서 프로베니우스 방법으로 해를 구하면 반복식

$$c_{k+1}=-\frac{k+4}{(k+8)(k+1)}c_k\ (k=0,\ 1,\ 2,\ \cdots)$$

으로 주어지는 계수 $c_n$을 갖는 급수해

$$y=\sum_{n=0}^{\infty}c_nx^{n+7}$$

을 얻는다. 이렇게 해서 얻은 급수해는 결국 결정근 $r_2=0$을 대입하여 얻은 해 (4.30)과 같게 된다.

실제로 두 결정근의 차가 정수인 경우에는 두 번째 해는 로그함수를 포함해서 첫 번째 식으로 표현될 수 있다. 이러한 해는 먼저 결정근을 찾은 다음 계수 $c_n$을 결정하는 반복식을 주의깊게 조사하여 얻어질 수있다. 다음 예제에서 볼 수 있듯이 $y_1(x)$가 방정식

$$y''+P(x)y'+Q(x)y=0$$

에 대하여 얻어진 첫번째 해일 때 두 번째 해는

$$y_2(x)=y_1(x)\int \frac{e^{-\int P(x)dx}}{y_1^2(x)}dx \tag{4.36}$$

이다.

【예제 10】 미분방정식 $xy''+3y'-y=0$의 해를 프로베니우스의 방법을 써서 구하여라.

풀이 $x=0$이 주어진 방정식의 확정특이점이다. 여기서

$$y=\sum_{n=0}^{\infty} c_n x^{n+r}$$

을 주어진 방정식의 해라 하자. 그러면 결정근은 $r_1=0$이고 $r_2=-2$이며 프로베니우스 방법에 의하여 얻어지는 해는 오직 하나의 해

$$y_1(x)=\sum_{n=0}^{\infty}\frac{2}{n!(n+2)!}x^n=1+\frac{1}{3}x+\frac{1}{24}x^2+\frac{1}{360}x^3+\cdots$$

뿐이다. 두 번째 해를 얻기 위하여 식 (4.36)을 이용하면

$$\begin{aligned}
y_2(x)&=y_1(x)\int \frac{e^{-\int \frac{3}{x}dx}}{y_1^2(x)}dx\\
&=y_1(x)\int \frac{1}{x^3\left(1+\frac{1}{3}x+\frac{1}{24}x^2+\frac{1}{360}x^3+\cdots\right)^2}dx\\
&=y_1(x)\int \frac{1}{x^3\left(1+\frac{2}{3}x+\frac{7}{36}x^2+\frac{1}{30}x^3+\cdots\right)}dx\\
&=y_1(x)\int \frac{1}{x^3}\left(1-\frac{2}{3}x+\frac{1}{4}x^2-\frac{19}{270}x^3+\cdots\right)dx\\
&=y_1(x)\left(-\frac{1}{2x^2}+\frac{2}{3x}+\frac{1}{4}\ln x-\frac{19}{270}x+\cdots\right)\\
&=\frac{1}{4}y_1(x)\ln x+y_1(x)\left(-\frac{1}{2x^2}+\frac{2}{3x}-\frac{19}{270}x+\cdots\right)
\end{aligned}$$

이다. 그러므로 구하고자 하는 일반해는 구간 $(0, \infty)$에서

$$y=C_1y_1(x)+C_2\left[\frac{1}{4}y_1(x)\ln x+y_1(x)\left(-\frac{1}{2x^2}+\frac{2}{3x}-\frac{19}{270}x+\cdots\right)\right]$$

이다. □

## 연습문제(4.2)

1. 주어진 미분방정식의 특이점들을 찾고 그 특이점이 확정특이점인지 불확정특이점인지를 판정하라.

(1) $x^3y''+4x^2y'+3y=0$

(2) $x(x+3)^2y''-y=0$

(3) $(x^2-9)^2y''+(x+3)y'+2y=0$

(4) $y''-\dfrac{1}{x}y'+\dfrac{1}{(x-1)^3}y=0$

(5) $(x^3+4x)y''-2xy'+6y=0$

(6) $x^2(x-5)^2y''+4xy'+(x^2-25)y=0$

(7) $(x^2+x-6)D^2y+(x+3)Dy+(x-2)y=0$

(8) $(x^3-2x^2+3x)^2D^2y+x(x-3)^2Dy-(x+1)y=0$

2. 다음 미분방정식들에 대하여 $x=0$은 확정특이점이다. 각 방정식에 대해서 특이점의 결정근들 사이의 차가 정수가 아님을 보이고 프로베니우스의 방법을 써서 $x=0$에 관한 선형독립인 두 개의 급수해를 구하여라. 그리고 구간 $(0, \infty)$에서 일반해를 만들어라.

(1) $2xy''-y'+2y=0$

(2) $2xy''+5y'+xy=0$

(3) $4xy''+\dfrac{1}{2}y'+y=0$

(4) $2x^2y''-xy'+(x^2+1)y=0$

(5) $3xy''+(2-x)y'-y=0$

(6) $x^2y''-\left(x-\dfrac{2}{9}\right)y=0$

(7) $2xD^2y-(2x+3)Dy+y=0$

(8) $x^2D^2y+xDy+\left(x^2-\dfrac{4}{9}\right)y=0$

(9) $9x^2D^2y+9x^2Dy+2y=0$

(10) $2x^2D^2y+3xDy+(2x-1)y=0$

# 5장

# 라플라스 변환

이 장에서는 응용수학의 여러 분야에서 매우 중요하게 사용되는 새로운 형태의 미분방정식의 풀이법을 소개하고자 한다. 아이디어는 하나의 사물과 연산의 집합을 다른 형태의 사물과 연산으로 바꾸는 변환인데 이를 라플라스 변환이라 한다.

## 5.1 라플라스 변환과 역 변환

$f(t)$를 구간 $t \geq 0$에서 정의되는 함수라 하자. $f(t)$에 $e^{-st}$를 곱하여 $t=0$에서 $t=\infty$까지 적분한 이상적분이 존재한다면, 이 적분의 결과는 다음과 같이 $s$의 함수 $F(s)$가 된다.

$$F(s) = \int_0^{\infty} e^{-st} f(t) dt \tag{5.1}$$

식 (5.1)로 정의되는 함수 $F(s)$를 원래의 함수 $f(t)$의 라플라스 변환(Laplace transformation)이라 하고 $L[f(t)]$로 나타낸다. 즉

$$F(s) = L[f(t)] = \int_0^\infty e^{-st} f(t)\,dt \tag{5.2}$$

이다. 여기서 $t$의 함수 $f(t)$의 라플라스 변환은 변수 $s$의 함수 $F(s)$이다.

**[참고]** 무한구간에서의 이상적분은 유계인 구간에서의 적분의 극한으로 정의한다. 즉

$$\int_a^\infty f(t)\,dt = \lim_{b\to\infty}\int_a^b f(t)\,dt \tag{5.3}$$

이다. 식 (5.3)에서 극한이 존재하면 이상적분은 수렴하고 그렇지 않으면 발산한다고 한다.

앞으로 $t$의 함수는 소문자로 나타내고 같은 문자의 대문자는 그 함수의 라플라스 변환을 나타낼 것이다. 예를 들면, $L[g(t)] = G(s)$이고 $L[y(t)] = Y(s)$이다.

**【예제 1】** $t \ge 0$에서 $f(t) = 1$이라 하자. 라플라스 변환의 정의에 의하여

$$L[1] = \int_0^\infty e^{-st}\,dt = \lim_{b\to\infty}\int_0^b e^{-st}\,dt$$

$$= \lim_{b\to\infty}\left[-\frac{e^{-st}}{s}\right]_0^b = \lim_{b\to\infty}\frac{-e^{-sb}+1}{s} = \frac{1}{s}$$

여기서 $s > 0$이라 하면, $b > 0$일때 $-sb < 0$이므로 $b \to \infty$이면 $e^{-sb} \to 0$이다. 한편 $s < 0$이면 이상적분은 발산한다. 앞으로는 다음과 같이 쓰기로 한다.

$$L[1] = \int_0^\infty e^{-st}\,dt = \left[-\frac{e^{-st}}{s}\right]_0^\infty = \frac{1}{s} \quad (s > 0)$$

**【예제 2】** $t \ge 0$에서 $f(t) = e^{at}$이라 할 때, $L[e^{at}]$를 구하여라.

**풀이** $L[e^{at}] = \int_0^\infty e^{-st} e^{at}\,dt = \int_0^\infty e^{-(s-a)t}\,dt = \left[-\frac{e^{-(s-a)t}}{s-a}\right]_0^\infty$

만일 $s - a > 0$이면 $t \to \infty$일 때 $e^{-(s-a)t} \to 0$이므로

$$L[e^{at}] = \frac{1}{s-a} \quad (s > a)$$

이다. □

이제 라플라스 변환의 존재성에 대하여 알아보자. 함수 $f(t)$가 유한구간 $a \leq t \leq b$에서 정의되고 그 구간은 유한개의 부분구간으로 분할된다고 하자. 각 부분구간에서 $f(t)$가 연속이고 $t$가 부분구간 안에서 양 끝점으로 접근할 때 $f(t)$가 유한한 극한값을 가지면, 함수 $f(t)$는 구간 $a \leq t \leq b$에서 **구분적으로 연속**(piecewise continuous)이라 한다. 한편 무한구간에서 연속인 함수들도 역시 구분적으로 연속인 함수로 생각한다.

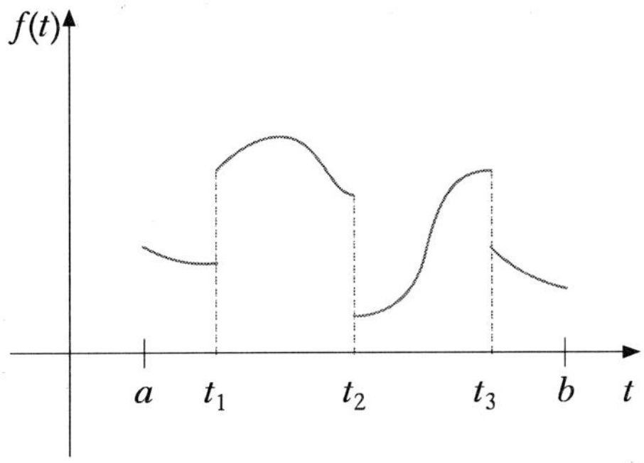


〈그림 5.1.1〉 구분적으로 연속인 함수

**〈정의 5.1〉 지수위수의 함수**

$t > T$인 모든 $t$에 대하여 다음 부등식

$$|f(t)| \leq Me^{at} \quad (t > T) \tag{5.4}$$

을 만족하는 음이 아닌 상수 $a$와 $M > 0$, $T > 0$가 존재할 때, 함수 $f(t)$는 지수위수 $a$의 함수(function of exponential order $a$) 또는 지수위수의 함수라 한다(그림 5.1.2).

$f$가 증가함수이라 하면, 조건 $|f(t)| \leq Me^{at}$ $(t > T)$의 의미는 구간 $(T, \infty)$에서 $f$의 그래프가 양수 $a$에 대하여 지수함수 $Me^{at}$의 그래프보다 빨리 증가하지 않음을

뜻한다.

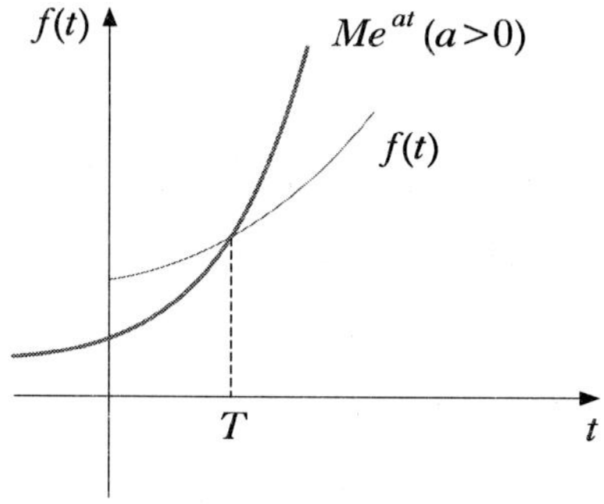


〈그림 5.1.2〉 지수위수 $a$의 함수

함수 $f(t)=t$, $f(t)=e^{-t}$ 그리고 $f(t)=2\cos t$는 $t>0$에 대하여 지수위수 $a=1$이다. 왜냐하면

$$|t| \le e^t,\ |e^{-t}| \le e^t,\ |2\cos t| \le 2e^t$$

이기 때문이다(그림 5.1.3).

그러나 $t>a>0$에 대하여 $e^{at}$보다 $f(t)=e^{t^2}$의 그래프가 더 빨리 증가하므로 $f(t)=e^{t^2}$은 지수위수가 아니다(그림 5.1.4). (왜?)

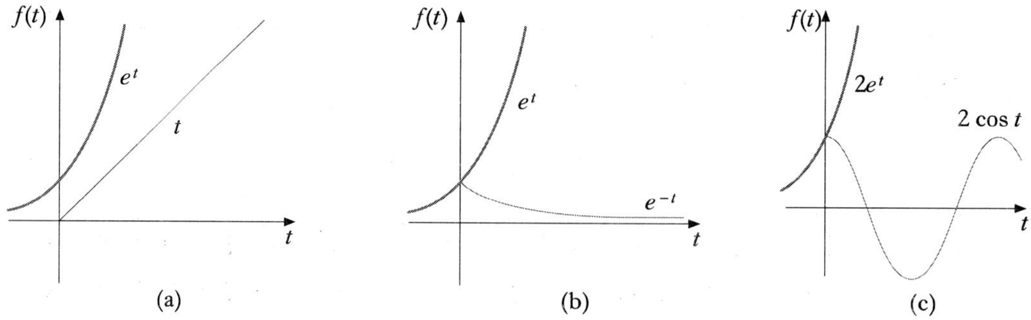


〈그림 5.1.3〉 지수위수의 함수 $f(t)=t$, $e^{-t}$, $e^t$

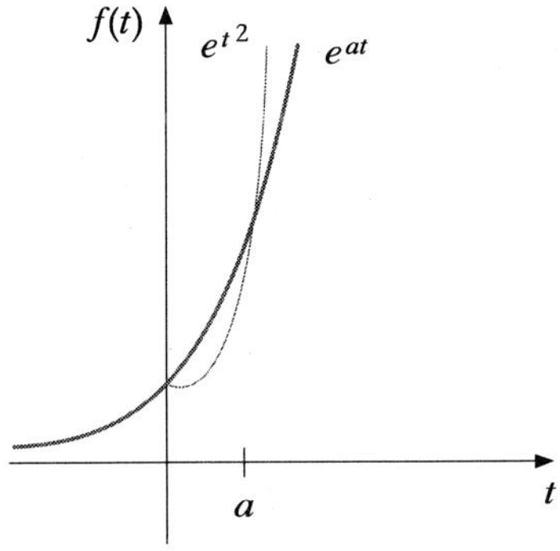


〈그림 5.1.4〉 $f(t)=e^{t^2}$

【예제 3】 함수 $f(t)=t^n$ ($n$은 양의 정수)은 항상 지수위수이다. 왜냐하면 $a>0$에 대하여 $n=1,\ 2,\ 3,\ \cdots$일 때

$$\lim_{t\to\infty}\frac{t^n}{e^{at}}=0<\infty$$

이므로 $t>T$에 대하여

$$\left|\frac{t^n}{e^{at}}\right|\le M \text{ 또는 } |t^n|\le Me^{at}$$

이기 때문이다.

이러한 사실로부터 우리는 라플라스 변환의 존재성에 관한 다음의 정리를 얻는다.

**정리 5.1 (라플라스 변환의 존재정리)** 함수 $f(t)$가 구간 $t\ge 0$에서 구분적으로 연속이고 $t>T$에 대하여 지수위수 $a$의 함수이면, $s>a$인 모든 $s$에 대하여 함수 $f(t)$의 라플라스 변환 $L[f(t)]$가 존재한다.

**증명** 함수 $f(t)$가 구분적으로 연속이므로 $|f(t)|$는 구간 $[0,\ T]$에서 유계인 함수이다. 그러므로 식 (5.4)의 $T$를 $T=0$으로 하여도 된다. 그러므로 $0\le t\le T$일 때 $|f(t)|\le M$으로 가정해도 무방하다. $t\ge 0$에 대하여 $e^{at}\ge 1$이므로 $|f(t)|\le Me^{at}$이다. 따라서

$$L[f(t)] = \int_0^\infty e^{-st} f(t)dt$$
$$= \int_0^T e^{-st} f(t)dt + \int_T^\infty e^{-st} f(t)dt$$

이다. 여기서 $e^{-st}f(t)$는 $[0,\ T]$에서 연속이므로 적분

$$\int_0^T e^{-st} f(t)dt$$

는 존재한다. 또한 $s > a$에 대하여

$$\left| \int_T^\infty e^{-st} f(t)dt \right| \le \int_T^\infty |e^{-st} f(t)| dt \le M \int_T^\infty e^{-st} e^{at} dt$$
$$= M \int_T^\infty e^{-(s-a)t} dt = -M \left[ \frac{e^{-(s-a)t}}{s-a} \right]_T^\infty$$
$$= M \frac{e^{-(s-a)T}}{s-a}$$

이다. 따라서 $M \frac{e^{-(s-a)T}}{s-a}$가 유계하므로 적분 $\int_T^\infty |e^{-st} f(t)| dt$는 수렴한다. 절대수렴하면 수렴하므로 $s > a$에 대하여 적분

$$\int_T^\infty e^{-st} f(t)dt$$

도 수렴한다. 그러므로 $s > a$에 대하여 $f(t)$의 라플라스 변환

$$L[f(t)] = \int_0^\infty e^{-st} f(t)dt$$

는 존재한다. ■

앞으로 우리는 함수가 구분적으로 연속이고 자수위수인 것으로 생각한다. 그러나 이들 조건은 라플라스 변환의 존재성에 대한 충분조건이지 필요조건은 아니다. 예를 들면 함수 $f(t) = t^{-\frac{1}{2}}$은 $[0,\ \infty)$에서 구분적으로 연속은 아니지만 라플라스 변환은 존재한다(연습문제 5).

【예제 4】 다음 함수의 라플라스 변환을 구하여라.

(1) $f(t)=t$

(2) $f(t)=te^{-2t}$

(3) $f(t)=\sin 2t$

(4) $f(t)=\cos 2t$

풀이 (1) $s>0$일 때 $\lim_{t\to\infty} te^{-st}=0$이므로

$$L[t]=\int_0^\infty e^{-st}t\,dt$$
$$=\left[\frac{-te^{-st}}{s}\right]_0^\infty+\frac{1}{s}\int_0^\infty e^{-st}dt$$
$$=\frac{1}{s}L[1]=\frac{1}{s}\cdot\frac{1}{s}=\frac{1}{s^2}$$

이다.

(2) $$L[te^{-2t}]=\int_0^\infty e^{-st}(te^{-2t})dt=\int_0^\infty te^{-(s+2)t}dt$$
$$=\left[\frac{-te^{-(s+2)t}}{s+2}\right]_0^\infty+\frac{1}{s+2}\int_0^\infty e^{-(s+2)t}dt$$
$$=\left[\frac{-e^{-(s+2)t}}{(s+2)^2}\right]_0^\infty \quad (s>-2)$$
$$=\frac{1}{(s+2)^2} \quad (s>-2)$$

(3) $$L[\sin 2t]=\int_0^\infty e^{-st}\sin 2t\,dt$$
$$=\left[\frac{-e^{-st}\sin 2t}{s}\right]_0^\infty+\frac{2}{s}\int_0^\infty e^{-st}\cos 2t\,dt$$
$$=\frac{2}{s}\int_0^\infty e^{-st}\cos 2t\,dt \quad (s>0)$$
$$=\frac{2}{s}\left(\left[\frac{-e^{-st}\cos 2t}{s}\right]_0^\infty-\frac{4}{s^2}\int_0^\infty e^{-st}\sin 2t\,dt\right)$$
$$=\frac{2}{s^2}-\frac{4}{s^2}L[\sin 2t]$$

이다. 그런데

$$\left(1+\frac{4}{s^2}\right)L[\sin 2t]=\frac{2}{s^2}$$

이므로

$$L[\sin 2t]=\frac{2}{s^2+4}\ (s>0)$$

이다.

(4) $L[\cos 2t]=\int_0^\infty e^{-st}\cos 2t dt$

$$=\left[\frac{-e^{-st}\cos 2t}{s}\right]_0^\infty-\frac{2}{s}\int_0^\infty e^{-st}\sin 2t dt$$

$$=\frac{1}{s}-\frac{2}{s}\int_0^\infty e^{-st}\sin 2t dt (s>0)$$

$$=\frac{1}{s}-\frac{2}{s}\left(\left[\frac{-e^{-st}\sin 2t}{s}\right]_0^\infty+\frac{2}{s}\int_0^\infty e^{-st}\cos 2t dt\right)$$

$$=\frac{1}{s}-\frac{4}{s^2}L[\cos 2t]$$

이다. 그런데

$$\left(1+\frac{4}{s^2}\right)L[\cos 2t]=\frac{1}{s}$$

이므로

$$L[\cos 2t]=\frac{s}{s^2+4}\ (s>0)$$

이다. □

정리 5.1의 증명 과정에서 $s>a$이면

$$|F(s)|\le\int_0^\infty |e^{-st}f(t)|dt\le\frac{M}{s-a}$$

임을 보였다. 이를 이용하여 다음의 따름정리를 얻는다.

**따름정리 5.2** $f(t)$가 정리 5.1의 조건을 만족하는 함수라 하면

$$\lim_{s \to \infty} F(s) = 0$$

이다.

주어진 함수의 라플라스 변환을 지금까지의 예제처럼 정의로부터 직접 구해야만 하는가? 그렇지 않다. 그 이유는 라플라스 변환이 직접적으로 계산없이 변환을 할 수 있도록 도와주는 많은 일반적인 특성을 가지고 있기 때문이다. 라플라스 변환은 미분과 적분처럼 선형적인 성질을 지니고 있다.

**정리 5.3** 라플라스 변환은 선형적 성질을 갖는다. 즉, 함수 $f(t)$와 $g(t)$는 라플라스 변환이 가능한 함수이라 하면 임의의 상수 $a$, $b$에 대하여

$$L[af(t)+bg(t)] = aL[f(t)]+bL[g(t)] \tag{5.5}$$

가 성립한다.

**증명** 극한과 적분의 선형적 성질에 의하여

$$\begin{aligned} L[af(t)+bg(t)] &= \int_0^{\infty} e^{-st}[af(t)+bg(t)]dt \\ &= \lim_{c \to \infty} \int_0^{c} e^{-st}[af(t)+bg(t)]dt \\ &= a \lim_{c \to \infty} \int_0^{c} e^{-st} f(t)dt + b \lim_{c \to \infty} \int_0^{c} e^{-st} g(t)dt \\ &= aL[f(t)]+bL[g(t)] \end{aligned}$$

이다. ■

식 (5.5) 때문에 라플라스 변환을 선형변환(linear transformation)이라 한다.

【예제 5】 $L[2t+3e^t-5e^{-3t}+4]=2L[t]+3L[e^t]-5L[e^{-3t}]+4L[1]$

$$=\frac{2}{s^2}+\frac{3}{s-1}-\frac{5}{s+3}+\frac{4}{s}$$

【예제 6】 $\cosh at=\dfrac{e^{at}+e^{-at}}{2}$를 이용하여 $L[\cosh at]$를 구하여라. 단, $a>0$이다.

풀이 정리 5.3과 예제 2에 의하여

$$L[\cosh at]=\frac{1}{2}L[e^{at}]+\frac{1}{2}L[e^{-at}]=\frac{1}{2}\left(\frac{1}{s-a}+\frac{1}{s+a}\right)$$

이다. □

【예제 7】 $L[2\sin^2 3t]=L[1-\cos 6t]=\dfrac{1}{s}-\dfrac{s}{s^2+36}=\dfrac{36}{s(s^2+36)}\quad (s>0).$

다음 정리 5.4에 따르면 모든 $t\geq 0$에 대하여 연속인 두 함수가 같은 라플라스 변환을 가지면 그 두 함수는 서로 다르지 않다. 따라서 $F(s)$가 어떤 연속함수 $f(t)$의 라플라스 변환이면 $f(t)$는 유일하게 결정된다. 따라서 $F(s)=L[f(t)]$이면 $f(t)$를 $F(s)$의 역 라플라스 변환(inverse Laplace transformation)이라 하고

$$L^{-1}[F(s)]=f(t)$$

로 나타낸다.

예를 들면, $L^{-1}\left[\dfrac{1}{s}\right]=1$, $L^{-1}\left[\dfrac{1}{s+2}\right]=e^{-2t}$이고 $L^{-1}\left[\dfrac{2}{s^2+4}\right]=\sin 2t$이다.

**정리 5.4 (역 라플라스 변환의 유일성)** 임의의 $F(s)$에 대하여 $F(s)=L[f(t)]$를 만족하는 연속함수 $f(t)$가 존재한다면, $f(t)$는 유일한 함수이다.

역 라플라스 변환도 다음과 같이 선형적인 성질을 가진다.

$$L^{-1}[c_1F(s)+c_2G(s)]=c_1L^{-1}[F(s)+c_2L^{-1}[G(s)]$$

왜냐하면 $L[f(t)]=F(s)$이고 $L[g(t)]=G(s)$이라 하면,

$$L[c_1f(t)+c_2g(t)]=c_1L[f(t)]+c_2L[g(t)]=c_1F(s)+c_2G(s)$$

이므로

$$L^{-1}[c_1F(s)+c_2G(s)]=c_1f(t)+c_2g(t)=c_1L^{-1}[F(s)]+c_2L^{-1}[G(s)]$$

이기 때문이다.

**【예제 8】** (1) $L^{-1}\left[\dfrac{1}{s}\right]=1$

(2) $L^{-1}\left[\dfrac{1}{s+2}\right]=e^{-2t}$

(3) $L^{-1}\left[\dfrac{3}{s^2+9}\right]=\sin 3t$

(4) $L^{-1}\left[\dfrac{s}{s^2+4}\right]=\cos 2t$

**【예제 9】** $F(s)=\dfrac{2s+5}{s^2+9}$일 때 $f(t)=L^{-1}[F(s)]$를 구하여라.

**풀이**

$$\begin{aligned} L^{-1}\left[\frac{2s+5}{s^2+9}\right] &= L^{-1}\left[2\cdot\frac{s}{s^2+9}+\frac{5}{3}\cdot\frac{3}{s^2+9}\right] \\ &= 2L^{-1}\left[\frac{s}{s^2+9}\right]+\frac{5}{3}L^{-1}\left[\frac{3}{s^2+9}\right] \\ &= 2\cos 3t+\frac{5}{3}\sin 3t \end{aligned}$$

□

식 (5.1)을 이용하여 주어진 함수 $f(t)$의 라플라스 변환을 구하는 것은 매우 지루하기도 하고 복잡하기도 하다. 예를 들면, $L[e^t t^2 \sin 3t]$를 구하려면 부분적분법을 여

러번 이용해야 하는 번거로움이 있다. 복잡한 라플라스 변환의 공식을 다음의 이동 정리(shifting theorem)를 이용하면 간단히 유도할 수 있다.

**정리 5.5 (제1 이동정리)** $F(s)=L[f(t)]$이고 $a$는 임의의 실수이라 하면

$$L[e^{at}f(t)]=F(s-a)$$

이다.

**증명** 식 (5.1)로부터 쉽게 증명할 수 있다.

$$\begin{aligned} L[e^{at}f(t)] &= \int_0^\infty e^{-st}e^{at}f(t)dt \\ &= \int_0^\infty e^{-(s-a)t}f(t)dt = F(s-a) \end{aligned}$$ ■

함수 $f(t)$에 $e^{at}$를 곱한 함수의 라플라스 변환은 제1 이동정리에 의하여 변수 $s$대신에 $s-a$로 이동시킨 것으로 생각하면 된다. 즉 $F(s-a)$의 그래프는 $F(s)$의 그래프를 $a$만큼 $s$축을 이동시킨 것이다(그림 5.1.5).

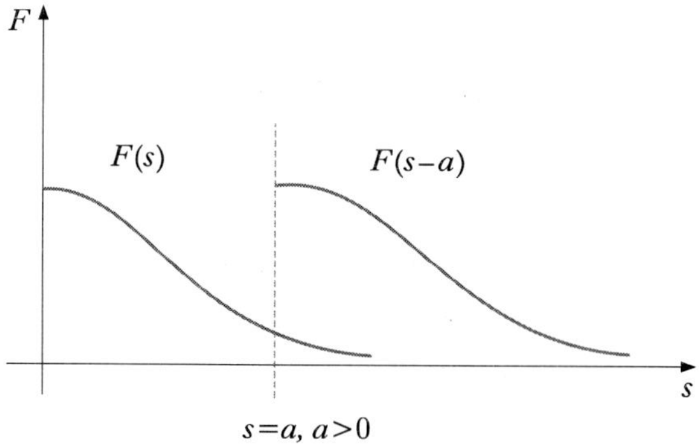


〈그림 5.1.5〉 함수 $F(s)$의 이동

【예제 10】 다음 함수의 라플라스 변환을 구하여라.

(1) $f(t)=t^4e^{2t}$

(2) $f(t)=e^{-3t}\cos 4t$

풀이 정리 5.5를 이용하자.

(1) $a=2$, $f(t)=t^4$이고 $F(s)=L[t^4]=\dfrac{4!}{s^5}$이므로

$$L[t^4e^{2t}]=F(s-2)=\frac{4!}{(s-2)^5}$$

이다.

(2) $a=-3$, $f(t)=\cos 4t$이고 $F(s)=L[\cos 4t]=\dfrac{s}{s^2+16}$이므로

$$L[e^{-3t}\cos 4t]=F(s+3)=\frac{s+3}{(s+3)^2+16}$$

이다. □

【예제 11】 $f(t)=\begin{cases}0 & (0\le t<3)\\ 2 & (t\ge 3)\end{cases}$일 때, $L[f(t)]$를 구하여라.

풀이 그림과 같이 $f(t)$는 구분적으로 연속이다(그림 5.1.6). $f$는 두 조각으로 정의되어 있으므로 $L[f(t)]$는 두 적분의 합이다.

$$\begin{aligned}L[f(t)]&=\int_0^\infty e^{-st}f(t)dt\\&=\int_0^3 e^{-st}(0)dt+\int_3^\infty e^{-st}(2)dt\\&=-\left[\frac{2e^{-st}}{s}\right]_3^\infty=\frac{2e^{-3s}}{s}\quad(s>0)\end{aligned}$$

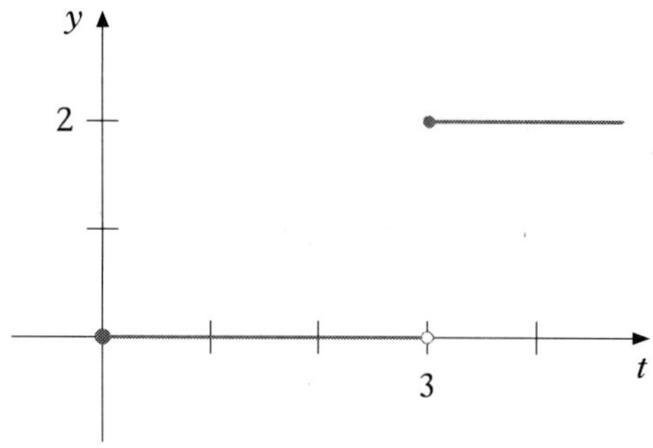


〈그림 5.1.6〉 함수 $y=f(t)$의 그래프 □

아래 표 5.1은 이미 정의와 여러 정리들로부터 유도할 수 있는 간단한 라플라스 변환들이다. 이 표와 앞으로 배울 몇 가지 정리를 이용하면 우리가 필요한 거의 모든 변환들을 구할 수 있을 것이다.

**표 5.1** 주요 함수에 대한 라플라스 변환표

| $f(t)$ | $F(s)=L[f(t)]$ |
|---|---|
| $1$ | $\frac{1}{s}\ (s>0)$ |
| $t$ | $\frac{1}{s^2}\ (s>0)$ |
| $t^n\ (n\geq 0)$ | $\frac{n!}{s^{n+1}}\ (s>0)$ |
| $t^a\ (a>-1)$ | $\frac{\Gamma(a+1)}{s^{a+1}}\ (s>0)$ |
| $e^{at}$ | $\frac{1}{s-a}\ (s>a)$ |
| $\cos kt$ | $\frac{s}{s^2+k^2}\ (s>0)$ |
| $\sin kt$ | $\frac{k}{s^2+k^2}\ (s>0)$ |
| $\cosh kt$ | $\frac{s}{s^2-k^2}\ (s>\lvert k\rvert)$ |
| $\sinh kt$ | $\frac{k}{s^2-k^2}\ (s>\lvert k\rvert)$ |
| $u(t-a)$ | $\frac{e^{-as}}{s}\ (s>0)$ |

제1 이동정리의 역 라플라스 변환은 $L^{-1}[F(s)]=f(t)$일 때,

$$L^{-1}[F(s-a)]=e^{at}f(t)$$

이다.

【예제 12】 다음 함수의 역 라플라스 변환을 구하여라.

(1) $F(s)=\dfrac{s}{s^2+6s+11}$

(2) $F(s)=\dfrac{1}{(s-1)^3}+\dfrac{1}{s^2+2s-8}$

풀이 (1) $L^{-1}\left[\dfrac{s}{s^2+6s+11}\right]=L^{-1}\left[\dfrac{s}{(s+3)^2+2}\right]=L^{-1}\left[\dfrac{s+3-3}{(s+3)^2+2}\right]$

$$=L^{-1}\left[\frac{s+3}{(s+3)^2+2}-\frac{3}{(s+3)^2+2}\right]$$

$$=L^{-1}\left[\frac{s+3}{(s+3)^2+2}\right]-3L^{-1}\left[\frac{1}{(s+3)^2+2}\right]$$

$$=L^{-1}\left[\frac{s+3}{(s+3)^2+(\sqrt{2})^2}\right]$$

$$-\frac{3}{\sqrt{2}}L^{-1}\left[\frac{\sqrt{2}}{(s+3)^2+(\sqrt{2})^2}\right]$$

$$=e^{-3t}\cos\sqrt{2}\,t-\frac{3}{\sqrt{2}}e^{-3t}\sin\sqrt{2}\,t$$

(2) $L^{-1}\left[\dfrac{1}{(s-1)^3}+\dfrac{1}{s^2+2s-8}\right]=L^{-1}\left[\dfrac{1}{(s-1)^3}+\dfrac{1}{(s+1)^2-9}\right]$

$$=\frac{1}{2!}L^{-1}\left[\frac{2!}{(s-1)^3}\right]+\frac{1}{3}L^{-1}\left[\frac{3}{(s+1)^2-3^2}\right]$$

$$=\frac{1}{2}e^{t}t^2+\frac{1}{3}e^{-t}\sinh 3t$$

## 연습문제(5.1)

1. 다음 함수의 라플라스 변환 $L[f(t)]$를 구하여라.

(1) $f(t)=t^5$

(2) $f(t)=(2t-1)^3$

(3) $f(t)=1+e^{4t}$

(4) $f(t)=3e^{2t}+2\sin^2 3t$

(5) $f(t)=4\sin 3t-5\cos 3t$

(6) $f(t)=e^t \sinh t$

(7) $f(t)=\sin 2t\cos 2t$

(8) $f(t)=\cos^2 t$

2. $L[\sin^2 t]=\dfrac{2}{s(s^2+4)}$ 임을 증명하여라.

3. 다음 함수의 라플라스 변환 $L[f(t)]$를 구하여라.

(1) $f(t)=\begin{cases} 4 & (0 \le t < 2) \\ 0 & (t \ge 2) \end{cases}$

(2) $f(t)=\begin{cases} t & (0 \le t < 1) \\ 2 & (t \ge 1) \end{cases}$

4. 다음 식을 증명하여라.

(1) $L[t^n]=\dfrac{n!}{s^{n+1}}$ $(n=0,\ 1,\ 2,\ \cdots,\ s>0)$

(2) $L[\cosh at]=\dfrac{s}{s^2-a^2}$ $(s>a>0)$

(3) $L[\sinh at]=\dfrac{a}{s^2-a^2}$ $(s>a>0)$

5. 감마 함수(gamma function)는 적분

$$\Gamma(\alpha)=\int_0^\infty t^{\alpha-1}e^{-t}dt \ (\alpha>0)$$

으로 정의한다. $\alpha>-1$일 때

$$L(t^\alpha)=\frac{\Gamma(\alpha+1)}{s^{\alpha+1}}$$

임을 증명하여라. 이를 이용하여 다음 함수의 라플라스 변환 $L[f(t)]$를 구하여라.

(1) $f(t)=t^{\frac{1}{2}}$ (2) $f(t)=t^{-\frac{1}{2}}$

(3) $f(t)=t^{\frac{3}{2}}$ (4) $f(t)=3t^2+4t^{\frac{5}{2}}$

6. 함수 $f(t)=\dfrac{1}{t^2}$ 은 라플라스변환을 가지지 않음을 증명하여라.

7. 다음 역 라플라스 변환을 구하여라.

(1) $L^{-1}\left[\dfrac{1}{s^4}\right]$ (2) $L^{-1}\left[\left(\dfrac{2}{s}-\dfrac{1}{s^3}\right)^2\right]$

(3) $L^{-1}\left[\dfrac{s+1}{s^2(s+2)^3}\right]$ (4) $L^{-1}\left[\dfrac{3s-2}{s^3(s^2+4)}\right]$

(5) $L^{-1}\left[\dfrac{s}{s^2+2s-3}\right]$ (6) $L^{-1}\left[\dfrac{1}{s^2+s-20}\right]$

(7) $L^{-1}\left[\dfrac{2s-6}{s^2+9}\right]$ (8) $L^{-1}\left[\dfrac{s+1}{s^2-4s}\right]$

(9) $L^{-1}\left[\dfrac{s}{s^2+6s+11}\right]$ (10) $L^{-1}\left[\dfrac{1}{(s-1)^3}+\dfrac{1}{s^2+2s-8}\right]$

8. 다음을 계산하여라.

(1) $L[te^{10t}]$ (2) $L[t^3e^{-2t}]$

(3) $L[e^t\sin 3t]$ (4) $L[e^{-t}\cosh t]$

(5) $L[e^{-t}\sin^2 t]$ (6) $L[e^t\cos^2 3t]$

(7) $L^{-1}\left[\dfrac{1}{(s-1)^4}\right]$ (8) $L^{-1}\left[\dfrac{1}{(s+2)^3}\right]$

(9) $L^{-1}\left[\dfrac{1}{s^2-6s+10}\right]$ (10) $L^{-1}\left[\dfrac{s}{s^2+4s+5}\right]$

## 5.2 여러 가지 성질

상수 계수를 갖는 미분방정식

$$ay''(t)+by'(t)+cy(t)=f(t),\ y(0)=y_0,\ y'(0)=y_0' \tag{5.6}$$

을 풀기 위하여 라플라스 변환을 이용한다. 이는 라플라스 변환의 선형적인 성질에 의하여

$$aL[y''(t)]+bL[y'(t)]+cL[y(t)]=L[f(t)] \tag{5.7}$$

와 같은 변환을 얻을 수 있는데 미지의 함수 $y(t)$의 도함수 $y'(t)$, $y''(t)$의 변환도 포함하게 된다. 이에 결정적인 생각은 라플라스 변환이 미적분 연산을 변환에 관한 대수적 연산으로 대체시킨다는 것이다.

**정리 5.6 ($f(t)$의 도함수의 라플라스 변환)** 함수 $f(t)$가 $t\geq 0$에서 연속이고 지수위수 $a$이고 $t\geq 0$의 모든 유한구간에서 구분적 연속인 도함수 $f'(t)$를 갖는다고 가정하자. 그러면 $s>a$일 때 도함수 $f'(t)$의 라플라스 변환 $L[f'(t)]$가 존재하고

$$L[f'(t)]=sL[f(t)]-f(0)=sF(s)-f(0)\ (s>a) \tag{5.8}$$

이 성립한다.

**증명** 먼저 $f'(t)$가 모든 $t\geq 0$에서 연속인 경우를 생각하자. 그러면 부분적분법에 의하여

$$L[f'(t)]=\int_0^\infty e^{-st}f'(t)dt=\left[e^{-st}f(t)\right]_0^\infty+s\int_0^\infty e^{-st}f(t)dt$$

이다. $f(t)$가 지수위수 $a$이므로 $s>a$일 때 우변의 상한에서

$$\lim_{t\to\infty}e^{-st}f(t)=0$$

이고 하한에서 $-f(0)$이 된다. 마지막 적분은 $L[f(t)]$이므로 $s>a$일 때

$L[f'(t)]$는 존재하고

$$L[f'(t)] = sL[f(t)] - f(0) = sF(s) - f(0)$$

이다. ■

도함수 $f'(t)$가 모든 $t \geq 0$에서 구분적으로 연속인 경우에는 연습문제 1로 독자에게 남긴다.

식 (5.8)을 2계 도함수 $f''(t)$에 적용하여 보자. $g(t) = f'(t)$가 정리 5.6의 가정을 만족한다고 하면,

$$\begin{aligned} L[f''(t)] &= L[g'(t)] = sL[g(t)] - g(0) \\ &= sL[f'(t)] - f'(0) = s[sL[f(t)] - f(0)] - f'(0) \end{aligned}$$

이므로

$$L[f''(t)] = s^2F(s) - sf(0) - f'(0) \tag{5.9}$$

을 얻는다. 이와 같은 방법을 반복하면

$$L[f'''(t)] = sL[f''(t)] - f''(0) = s^3F(s) - s^2f(0) - sf'(0) - f''(0) \tag{5.10}$$

을 얻을 수 있다. 따라서 다음 따름정리는 정리 5.6의 확장이다. 그 증명은 수학적 귀납법으로 보일 수 있다.

**따름정리 5.7 (고계도함수의 라플라스 변환)** $t \geq 0$에서 $f(t)$와 도함수 $f'(t)$, $f''(t)$, $\cdots$, $f^{(n-1)}(t)$가 연속함수이고 모두 지수위수이고, 또 도함수 $f^{(n)}(t)$가 $t \geq 0$의 모든 유한 구간에서 구분적으로 연속이라고 하자. 그러면 $s > a$일 때 $L[f^{(n)}(t)]$가 존재하고 다음이 성립한다.

$$\begin{aligned} L[f^{(n)}(t)] &= s^nL[f(t)] - s^{n-1}f(0) - s^{n-2}f'(0) - \cdots - f^{(n-1)}(0) \\ &= s^nF(s) - s^{n-1}f(0) - s^{n-2}f'(0) - \cdots - sf^{(n-2)}(0) - f^{(n-1)}(0) \end{aligned} \tag{5.11}$$

【예제 1】 $f(t)=t$이라 하자. $L[1]$을 이용하여 $L[f(t)]$를 구하여라.

풀이 $f(0)=0$, $f'(t)=1$이고 $L[1]=\frac{1}{s}$이므로

$$L[f'(t)]=L[1]=\frac{1}{s}=sL[f(t)]-f(0)=sL[f(t)]$$

이다. 따라서 $L[f(t)]=\frac{1}{s^2}$이다. □

【예제 2】 다음 함수의 라플라스 변환을 구하여라.

(1) $f(t)=3t^2$
(2) $f(t)=\cos \omega t$
(3) $f(t)=t \sin \omega t$
(4) $f(t)=\sinh 2t$

풀이 (1) $f(0)=0$, $f'(0)=0$, $f''(t)=6$이므로

$$L[f''(t)]=L[6]=6L[1]=\frac{6}{s}=s^2L[f(t)]-sf(0)-f'(0)=s^2L[f(t)]$$

이다. 따라서 $L[f(t)]=\frac{6}{s^3}$이다.

(2) $f(0)=1$, $f'(0)=0$, $f''(t)=-\omega^2\cos \omega t=-\omega^2 f(t)$이므로

$$L[f''(t)]=-\omega^2 L[f(t)]$$

가 된다. 따라서

$$-w^2L[f(t)]=L[f''(t)]=s^2L[f(t)]-sf(0)-f'(0)=s^2L[f(t)]-s$$

이다. 따라서 $L[f(t)]=\frac{s}{s^2+\omega^2}$이다.

(3) $f(0)=0$이고

$$f'(t)=\sin \omega t+\omega t \cos \omega t,\ f'(0)=0$$

$$f''(t)=2\omega\cos\omega t-\omega^2 t\sin\omega t=2\omega\cos\omega t-\omega^2 f(t)$$

이므로

$$L[f''(t)]=2\omega L[\cos\omega t]-\omega^2 L[f(t)]=s^2 L[f(t)]$$

이다. 여기서 $\cos\omega t$의 라플라스 변환 공식을 이용하여

$$(s^2+\omega^2)L[f(t)]=2\omega L[\cos\omega t]=\frac{2\omega s}{s^2+\omega^2}$$

를 얻는다. 따라서

$$L[f(t)]=\frac{2\omega s}{(s^2+\omega^2)^2}$$

이다.

(4) $f'(t)=2\cosh 2t$, $f'(0)=2$이고 $f''(t)=4\sinh 2t=4f(t)$이므로

$$4L[f(t)]=L[f''(t)]=s^2L[f(t)]-sf(0)-f'(0)=s^2L[f(t)]-2$$

이다. 따라서

$$L[f(t)]=\frac{2}{s^2-4}$$

이다. □

**【예제 3】** $L[te^{at}]=\dfrac{1}{(s-a)^2}$ 임을 보여라.

풀이 $f(t)=te^{at}$이라 하면, $f(0)=0$, $f'(t)=e^{at}+ate^{at}$이므로

$$L[e^{at}+ate^{at}]=L[f'(t)]=sL[f(t)]-f(0)=sL[te^{at}]$$

이다. 따라서 $L[e^{at}]+aL[te^{at}]=sL[te^{at}]$이고

$$L[te^{at}]=\frac{1}{s-a}L[e^{at}]=\frac{1}{(s-a)^2}$$

이다. □

만일 $f(0)=0$이면 함수 $f(t)$의 미분에 대한 라플라스 변환은 $f(t)$의 라플라스 변환에 $s$를 곱한 것과 같다. 나누기는 곱하기의 역 연산임에 착안하여 함수 $f(t)$의 적분의 라플라스 변환은 $f(t)$의 라플라스 변환을 $s$로 나누는 것으로 예상할 수 있다.

**정리 5.8 ($f(t)$의 적분의 라플라스 변환)** $t \geq 0$에 대하여 $f(t)$는 구분적으로 연속함수이고 $t \geq T$에 대하여 지수 위수의 조건

$$|f(t)| \leq Me^{at}$$

를 만족하면, $s>a$에 대하여 다음 식을 만족한다.

$$L\left[\int_0^t f(\tau)d\tau\right]=\frac{1}{s}L[f(t)]=\frac{F(s)}{s} \tag{5.12}$$

$$L^{-1}\left[\frac{F(s)}{s}\right]=\int_0^t f(\tau)d\tau \tag{5.13}$$

**증명** $f(t)$가 구분적으로 연속이므로 미적분학의 기본정리에 의해서

$$g(t)=\int_0^t f(\tau)d\tau$$

는 연속이다. 모든 $t \geq 0$에 대해서

$$|g(t)| \leq \int_0^t |f(\tau)|d\tau \leq M\int_0^t e^{a\tau}d\tau=\frac{M}{a}(e^{at}-1)<\frac{M}{a}e^{at}\ (a>0)$$

이므로 $g(t)$는 지수위수 $a$이다. 또한 $f(t)$가 불연속이 되는 점을 제외하고 $g'(t)=f(t)$가 된다. 그러므로 $g'(t)$는 모든 유한구간에서 구분적으로 연속이고 정리 5.6에 의해서

$$L[f(t)]=L[g'(t)]=sL[g(t)]-g(0)$$

이 된다. 여기서 $g(0)=0$이므로

$$L[\int_0^t f(\tau)d\tau]=L[g(t)]=\frac{L[f(t)]}{s}=\frac{F(s)}{s}$$

이고, 양변에 역변환을 취하면

$$L^{-1}[\frac{F(s)}{s}]=\int_0^t f(\tau)d\tau$$

이다. ■

【예제 4】 다음 함수의 라플라스 변환을 구하여라.

(1) $f(t)=1-\cos 3t$

(2) $f(t)=-1+\cosh 2t$

(3) $f(t)=t+\frac{1}{2}\sin 2t$

(4) $f(t)=\frac{e^{at}}{a^2+\omega^2}(a\cos\omega t+\omega\sin\omega t)-\frac{a}{a^2+\omega^2}$

풀이 (1) $L[f(t)]=L[3\int_0^t \sin 3\tau d\tau]=3L[\int_0^t \sin 3\tau d\tau]$

$$=\frac{3}{s}L[\sin 3t]=\frac{9}{s(s^2+9)}$$

(2) $L[f(t)]=L[2\int_0^t \sinh 2\tau d\tau]=2L[\int_0^t \sinh 2\tau d\tau]$

$$=\frac{2}{s}L[\sinh 2t]=\frac{4}{s(s^2-4)}$$

(3) $L[f(t)]=L[2\int_0^t \cos^2\tau d\tau]=2L[\int_0^t \cos^2\tau d\tau]$

$$=\frac{2}{s}L[\cos^2 t]=\frac{2}{s}\frac{s^2+2}{s(s^2+4)}=\frac{2(s^2+2)}{s^2(s^2+4)}$$

(4) $L[f(t)]=L[\int_0^t e^{a\tau}\cos\omega\tau d\tau]=\frac{1}{s}L[e^{at}\cos\omega t]$

$$=\frac{1}{s}\frac{s-a}{(s-a)^2+\omega^2}=\frac{s-a}{s[(s-a)^2+\omega^2]}$$ □

【예제 5】 다음 함수의 역 라플라스 변환을 구하여라.

(1) $\dfrac{1}{s(s^2+\omega^2)}$

(2) $\dfrac{1}{s^2(s-a)}$

풀이 (1) 표 5.1에 의해서

$$L^{-1}\left[\frac{1}{s^2+\omega^2}\right]=\frac{1}{\omega}\sin \omega t$$

이고, 정리 5.8에 의해서

$$L^{-1}\left[\frac{1}{s}\left(\frac{1}{s^2+\omega^2}\right)\right]=\frac{1}{\omega}\int_0^t \sin \omega\tau\, d\tau=\frac{1}{\omega^2}(1-\cos \omega t)$$

를 얻는다.

(2) $L[e^{at}]=\dfrac{1}{s-a}$ 이므로 $L^{-1}\left[\dfrac{1}{s(s-a)}\right]=\displaystyle\int_0^t e^{a\tau}d\tau=\dfrac{1}{a}(e^{at}-1)$ 이다.

정리 5.8에 의해서

$$\begin{aligned}L^{-1}\left[\frac{1}{s^2(s-a)}\right]&=L^{-1}\left[\frac{1}{s[s(s-a)]}\right]\\&=\int_0^t \frac{1}{a}(e^{a\tau}-1)d\tau=\frac{1}{a^2}(e^{at}-at-1)\end{aligned}$$

이다. □

**〈정의 5.2〉 합성곱**

함수 $f(t)$와 $g(t)$가 구간 $[0, \infty)$에서 구분적으로 연속함수이라 하자. 적분 $\int_0^t f(\tau)g(t-\tau)d\tau$을 $f$와 $g$의 합성곱(convolution)이라 하고 $(f*g)(t)$로 나타낸다. 즉

$$(f*g)(t)=\int_0^t f(\tau)g(t-\tau)d\tau \tag{5.14}$$

예를 들면 $f(t)=e^t$와 $g(t)=\sin t$의 합성곱은

$$\begin{aligned}(f*g)(t) &= e^t * \sin t \\ &= \int_0^t e^\tau \sin(t-\tau)d\tau = \frac{1}{2}(-\sin t - \cos t + e^t)\end{aligned}$$

이다.

식 (5.14)로부터 $t-\tau=u$라 하면

$$\begin{aligned}(f*g)(t) &= \int_0^t f(\tau)g(t-\tau)d\tau \\ &= \int_t^0 f(t-u)g(u)(-du) = \int_0^t f(t-u)g(u)(du) \\ &= (g*f)(t)\end{aligned} \tag{5.15}$$

이므로, 두 함수의 합성곱은 교환법칙이 성립한다. 이러한 합성의 정의로부터 우리는 다음의 기본적인 성질이 성립함을 알 수 있다.

**정리 5.9** 함수 $f(t)$, $g(t)$ 그리고 $h(t)$가 구간 $[0, \infty)$에서 구분적으로 연속함수라 하면 다음이 성립한다.

(1) $(f*g)(t)=(g*f)(t)$ (교환법칙)

(2) $[f*(g*h)](t)=[(f*g)*h](t)$ (결합법칙)

(3) $[f*(g+h)](t)=(f*g)(t)+(f*h)(t)$ (배분법칙)

(4) $(f*0)(t)=(0*f)(t)=0$

일반적으로 $f*1 \neq f$이다(왜?). 식 (5.14)처럼 실제적으로 적분을 하지 않고 두 함수의 합성곱의 라플라스 변환을 구할 수 있다. 이를 **합성곱 정리**(convolution theorem)라 한다.

**정리 5.10 (합성곱 정리)** 함수 $f(t)$와 $g(t)$는 $[0, \infty]$에서 구분적으로 연속이고 지수위수이라 하면 다음이 성립한다.

$$L[(f*g)(t)] = L[f(t)]L[g(t)] = F(s)G(s)$$

**증명**

$$F(s) = L[f(t)] = \int_0^\infty e^{-s\tau} f(\tau)d\tau$$

$$G(s) = L[g(t)] = \int_0^\infty e^{-s\beta} g(\beta)d\beta$$

라 하자. 그러면

$$\begin{aligned} F(s)G(s) &= \left(\int_0^\infty e^{-s\tau} f(\tau)d\tau\right)\left(\int_0^\infty e^{-s\beta} g(\beta)d\beta\right) \\ &= \int_0^\infty \int_0^\infty e^{-s(\tau+\beta)} f(\tau)g(\beta)d\tau d\beta \\ &= \int_0^\infty f(\tau)d\tau \int_0^\infty e^{-s(\tau+\beta)} g(\beta)d\beta \end{aligned}$$

이다. $\tau$를 고정하고 $t = \tau + \beta$, $dt = d\beta$라 하면

$$F(s)G(s) = \int_0^\infty f(\tau)d\tau \int_\tau^\infty e^{-st} g(t-\tau)dt$$

이다. 여기서 $s > a$이다.

$t$에 대해서 $\tau$에서 $\infty$까지 적분하고 그 다음에 $\tau$에 대해서 0에서 $\infty$까지 적분하는데, 이것은 그림 5.2.7에 나와 있는 $t\tau$-평면상에서 무한대로 확장되고 있는 색칠된 영역에 해당된다. $f$와 $g$는 $[0, \infty)$에서 구분적으로 연속이고 지수위수이므로 적분 순서가 뒤바뀔 수 있다.

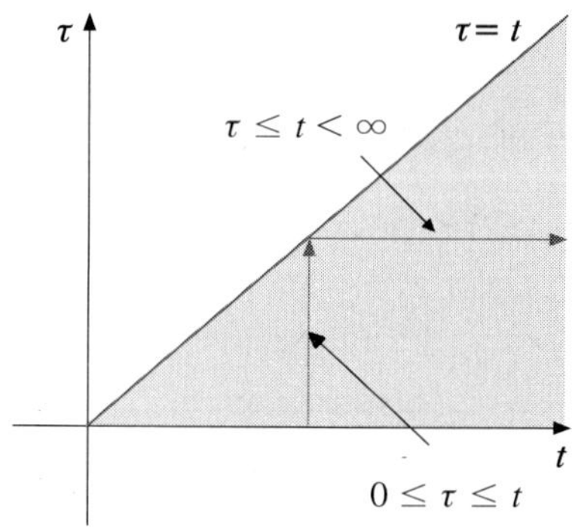


〈그림 5.2.7〉

이제 먼저 $\tau$에 대해서 0에서 $t$까지 적분하고, 그후 $t$에 대해서 0에서 $\infty$까지 적분하면

$$
\begin{aligned}
F(s)G(s) &= \int_0^\infty e^{-st}dt\int_0^t f(\tau)g(t-\tau)d\tau \\
&= \int_0^\infty e^{-st}\left\{\int_0^t f(\tau)g(t-\tau)d\tau\right\}dt = L[(f*g)(t)]
\end{aligned}
$$

가 된다. ■

【예제 6】 $L[\int_0^t e^\tau \sin(t-\tau)d\tau]$를 구하여라.

풀이 $f(t)=e^t$, $g(t)=\sin t$라 하자. 정리 5.10에 의하여

$$
\begin{aligned}
L[\int_0^t e^\tau \sin(t-\tau)d\tau] &= L[(f*g)(t)] = L[f(t)]L[g(t)] \\
&= L[e^t]L[\sin t] = \frac{1}{s-1}\,\frac{1}{s^2+1} \\
&= \frac{1}{(s-1)(s^2+1)}
\end{aligned}
$$

이다. □

합성곱의 정리는 두 라플라스 변환에 대한 곱의 역변환을 구하는데 가끔 유용하게 쓰인다. 정리 5.10으로부터

$$
L^{-1}[F(s)G(s)] = (f*g)(t) \tag{5.16}
$$

를 얻는다.

【예제 7】 $L^{-1}\left[\dfrac{1}{(s-1)(s+4)}\right]$를 구하여라.

풀이 $F(s)=\dfrac{1}{s-1}$, $G(s)=\dfrac{1}{s+4}$이라 하자. 그러면

$$
L^{-1}[F(s)] = f(t) = e^t, \quad L^{-1}[G(s)] = g(t) = e^{-4t}
$$

이므로, 식 (5.14)로부터

$$L^{-1}\left[\frac{1}{(s-1)(s+4)}\right]=\int_0^t f(\tau)g(t-\tau)d\tau=\int_0^t e^{\tau}e^{-4(t-\tau)}d\tau$$

$$=e^{-4t}\int_0^t e^{5\tau}d\tau=\left[e^{-4t}\cdot\frac{1}{5}e^{5\tau}\right]_{\tau=0}^{\tau=t}$$

$$=\frac{1}{5}e^{t}-\frac{1}{5}e^{-4t}$$

이다. □

【예제 8】 $L^{-1}\left[\dfrac{1}{(s^2+k^2)^2}\right]$을 구하여라.

풀이 $F(s)=G(s)=\dfrac{1}{s^2+k^2}$이라 하면

$$f(t)=g(t)=\frac{1}{k}L^{-1}\left[\frac{k}{s^2+k^2}\right]=\frac{1}{k}\sin kt$$

이다. 따라서

$$L^{-1}\left[\frac{1}{(s^2+k^2)^2}\right]=\frac{1}{k^2}\int_0^t \sin k\tau \sin k(t-\tau)d\tau$$

$$=\frac{1}{2k^2}\int_0^t[\cos k(2\tau-t)-\cos kt]d\tau$$

$$=\frac{1}{2k^2}\left[\frac{1}{2k}\sin k(2\tau-t)-\tau\cos kt\right]_{\tau=0}^{\tau=t}$$

$$=\frac{\sin kt-kt\cos kt}{2k^3}$$

이다. □

정리 5.6에 의하여, $f(0)=0$이면 $f(t)$의 도함수의 라플라스 변환은 그것의 변환 $F(s)$에 $s$를 곱한 것과 같다.

다음의 정리는 변환 $F(s)$의 미분은 원래의 함수 $f(t)$에 $-t$를 곱한것과 같음을 보인다(증명은 연습문제 2로 독자에게 남긴다).

**정리 5.11 (변환의 미분)** $t \geq 0$에 대하여 $f(t)$는 구분적으로 연속이고 지수 위수 $a$이라 하면, $s > a$에 대하여

$$L[-tf(t)] = F'(s) \tag{5.17}$$

이다. 또한 역변환은

$$f(t) = L^{-1}[F(s)] = -\frac{1}{t}L^{-1}[F'(s)]$$

이다.

식 (5.17)에 의하여 $L[f(t)] = F(s)$이라 하면

$$\begin{aligned} L[t^2 f(t)] &= L[t \cdot tf(t)] = -\frac{d}{ds}L[tf(t)] \\ &= -\frac{d}{ds}\left(-\frac{d}{ds}L[f(t)]\right) = F''(s) = (-1)^2 F''(s) \end{aligned}$$

이다. 따라서, 수학적 귀납법에 의해서, $n=1, 2, 3, \cdots$일 때

$$L[t^n f(t)] = (-1)^n F^{(n)}(s) = (-1)^n \frac{d^n}{ds^n} F(s)$$

가 됨을 알 수 있다.

**【예제 9】** 다음 함수의 라플라스 변환을 구하여라.

(1) $f(t) = te^{2t}$

(2) $f(t) = t \sin kt$

(3) $f(t) = t^2 \sin kt$

(4) $f(t) = te^{-t} \cos t$

풀이 (1) $L[te^{2t}] = -\dfrac{d}{ds}L[e^{2t}]$

$$= -\frac{d}{ds}\left(\frac{1}{s-2}\right) = \frac{1}{(s-2)^2}$$

(2) $L[t\sin kt]=-\dfrac{d}{ds}L[\sin kt]$

$$=-\frac{d}{ds}\left(\frac{k}{s^2+k^2}\right)=\frac{2ks}{(s^2+k^2)^2}$$

(3) $L[t^2\sin kt]=\dfrac{d^2}{ds^2}L[\sin kt]$

$$=\frac{d^2}{ds^2}\left(\frac{k}{s^2+k^2}\right)=\frac{d}{ds}\left(\frac{-2ks}{(s^2+k^2)^2}\right)=\frac{6ks^2-2k^3}{(s^2+k^2)^3}$$

(4) $L[te^{-t}\cos t]=-\dfrac{d}{ds}L[e^{-t}\cos t]$

$$=-\frac{d}{ds}\left(\frac{s+1}{(s+1)^2+1}\right)=\frac{(s+1)^2-1}{[(s+1)^2+1]^2}$$

【예제 10】 $L^{-1}\left[\tan^{-1}\dfrac{1}{s}\right]$를 구하여라.

풀이 $$L^{-1}\left[\tan^{-1}\frac{1}{s}\right]=-\frac{1}{t}L^{-1}\left[\frac{d}{ds}\tan^{-1}\frac{1}{s}\right]=-\frac{1}{t}L^{-1}\left[\frac{-\frac{1}{s^2}}{1+\left(\frac{1}{s}\right)^2}\right]$$

$$=-\frac{1}{t}L^{-1}\left[\frac{-1}{s^2+1}\right]=-\frac{1}{t}(-\sin t)=\frac{\sin t}{t}$$ □

$F(s)$의 미분은 함수 $f(t)$에 $t$를 곱한 것에 대응된다(부호가 변한다). 그래서 $F(s)$의 적분은 $f(t)$에 $t$를 나누는 것으로 자연스럽게 대응된다. $f(t)$가 존재 정리의 가정을 만족하고 $\lim\limits_{t\to 0+}\dfrac{f(t)}{t}$가 존재한다면 다음 정리가 성립한다.

**정리 5.12 (변환의 적분)** $t\geq 0$에 대하여 $f(t)$는 구분적으로 연속이고 지수 위수 $a$라 하면, $s>a$에 대하여

$$L\left[\frac{f(t)}{t}\right]=\int_s^\infty F(\sigma)d\sigma$$

이다. 또한 역변환은

$$f(t)=L^{-1}[F(s)]=tL^{-1}\left[\int_s^\infty F(\sigma)d\sigma\right]$$

이다.

【예제 11】 다음을 구하여라.

(1) $L\left[\dfrac{\sin 2t}{t}\right]$

(2) $L^{-1}\left[\dfrac{2s}{(s^2-1)^2}\right]$

풀이 (1) $f(t)=\sin 2t$이라 하자.

$$\lim_{t\to 0+}\frac{f(t)}{t}=2\lim_{t\to 0+}\frac{\sin 2t}{2t}=2$$

이므로, 정리 5.12에 의하여

$$L\left[\frac{\sin 2t}{t}\right]=\int_s^\infty L[\sin 2t]d\sigma=\int_s^\infty\frac{2}{\sigma^2+4}d\sigma=\frac{\pi}{2}-\tan^{-1}\frac{s}{2}$$

이다.

(2) $$L^{-1}\left[\frac{2s}{(s^2-1)^2}\right]=tL^{-1}\left[\int_s^\infty\frac{2\sigma}{(\sigma^2-1)^2}d\sigma\right]$$

$$=tL^{-1}\left[\left[\frac{-1}{\sigma^2-1}\right]_s^\infty\right]=tL^{-1}\left[\frac{1}{s^2-1}\right]=t\sinh t$$ □

대부분의 역 라플라스 변환은 기본 라플라스 변환표 5.1과 지금까지 배운 방법을 이용하여 직접 구할 수 있다.

미분방정식을 푸는 경우에는 $s$의 유리함수 $F(s)$의 역변환을 구해야 할 때가 종종 있다. $s$의 다항식 $P(s)$의 차수가 $Q(s)$의 차수보다 작을 때 $F(s)=\dfrac{P(s)}{Q(s)}$의 역변환 $L^{-1}[F(s)]$를 구하기 위하여 미적분학에서 배운 부분 분수로 바꾸어야 한다. 이때 분모 $Q(s)$가 2차식 $as^2+bs+c$를 포함할 경우에는 다음과 같이 나눌 수가 있다. 즉

$Q(s)=0$이 실근($b^2-4ac>0$), 복소근($b^2-4ac<0$) 그리고 중근($b^2-4ac=0$)을 갖는 경우이다. 각각의 경우에 대하여 다음 예제를 보자.

$F(s)$의 분모가 단순 실근을 갖는 경우에는 기본적인 공식

$$L[e^{at}]=\frac{1}{s-a}$$

을 이용하여 역변환을 직접 구할 수 있다.

【예제 12】 $F(s)=\dfrac{6}{s^2-9}$일 때, $f(t)=L^{-1}[F(s)]$를 구하여라.

풀이 부분분수 $\dfrac{6}{s^2-9}=\dfrac{1}{s-3}-\dfrac{1}{s+3}$이므로

$$\begin{aligned} f(t)&=L^{-1}[F(s)]=L^{-1}\left[\frac{6}{s^2-9}\right] \\ &=L^{-1}\left[\frac{1}{s-3}\right]-L^{-1}\left[\frac{1}{s+3}\right]=e^{3t}-e^{-3t} \end{aligned}$$

이다. □

【예제 13】 $F(s)=\dfrac{2s+1}{s^3-3s^2+2s}$일 때, $f(t)=L^{-1}[F(s)]$를 구하여라.

풀이 부분분수 $\dfrac{2s+1}{s^3-3s^2+2s}=\dfrac{1}{2}\dfrac{1}{s}-\dfrac{3}{s-1}+\dfrac{5}{2}\dfrac{1}{s-2}$이므로

$$\begin{aligned} f(t)&=L^{-1}[F(s)] \\ &=\frac{1}{2}L^{-1}\left[\frac{1}{s}\right]-3L^{-1}\left[\frac{1}{s-1}\right]+\frac{5}{2}L^{-1}\left[\frac{1}{s-2}\right]=\frac{1}{2}-3e^{t}+\frac{5}{2}e^{2t} \end{aligned}$$

이다. □

2차식 분모가 허근을 갖는

$$F(s)=\frac{As+B}{as^2+bs+c}$$

의 역변환을 구하여 보자.

먼저 분모가 순허수(예를 들면, 식 $s^2+4$)를 갖는 경우에는 사인이나 코사인을 이용하여 라플라스 변환의 역변환을 구할 수 있다.

한편 분모가 허근을 갖는 경우에는 완전 제곱을 이용하여 라플라스 변환의 역 변환을 구할 수 있다.

【예제 14】 $F(s)=\dfrac{3s-17}{s^2-6s+13}$일 때, $f(t)=L^{-1}[F(s)]$를 구하여라.

풀이 $s^2-6s+13=0$에서 판별식이 $b^2-4ac=36-52=-16<0$이므로 분모는 실수로 된 인수를 가지지 않는다. $s^2-6s+13=(s-3)^2+2^2$이므로 이동정리를 이용할 수 있다. 부분분수

$$\frac{3s-17}{(s-3)^2+2^2}=A\frac{s-3}{(s-3)^2+2^2}+B\frac{2}{(s-3)^2+2^2}=\frac{A(s-3)+2B}{(s-3)^2+2^2}$$

라 하면, $A=3$이고 $B=-4$이다. 따라서

$$\frac{3s-17}{(s-3)^2+2^2}=\frac{3(s-3)}{(s-3)^2+2^2}+\frac{-8}{(s-3)^2+2^2}$$

이므로

$$\begin{aligned}f(t)&=L^{-1}[F(s)]\\&=3L^{-1}\left[\frac{s-3}{(s-3)^2+2^2}\right]-4L^{-1}\left[\frac{2}{(s-3)^2+2^2}\right]=3e^{3t}\cos 2t-4e^{3t}\sin 2t\end{aligned}$$

이다. □

【예제 15】 $F(s)=\dfrac{s-8}{(s-5)(s^2+2s+5)}$일 때, $f(t)=L^{-1}[F(s)]$를 구하여라.

풀이 부분분수

$$\frac{s-8}{(s-5)(s^2+2s+5)}=\frac{A}{s-5}+\frac{Bs+C}{(s+1)^2+4}$$

$$= \frac{A}{s-5} + \frac{B(s+1)}{(s+1)^2+4} + \frac{2C}{(s+1)^2+4}$$

을 풀면

$$A = -\frac{3}{40},\ B = \frac{3}{40},\ C = \frac{29}{40}$$

이다. 따라서

$$\begin{aligned} f(t) &= L^{-1}[F(s)] \\ &= -\frac{3}{40}L^{-1}\left[\frac{1}{s-5}\right] + \frac{3}{40}L^{-1}\left[\frac{s+1}{(s+1)^2+4}\right] + \frac{29}{40}L^{-1}\left[\frac{2}{(s+1)^2+4}\right] \\ &= -\frac{3}{40}e^{5t} + \frac{3}{40}e^{-t}\cos 2t + \frac{29}{40}e^{-t}\sin 2t \end{aligned}$$

이다. □

이제 중복 실근을 갖는 경우에 대하여 알아 보자.

【예제 16】 $F(s) = \dfrac{2}{s^3(s+2)^2}$ 일 때, $f(t) = L^{-1}[F(s)]$를 구하여라.

풀이 부분분수

$$\frac{2}{s^3(s+2)^2} = \frac{A}{s} + \frac{B}{s^2} + \frac{C}{s^3} + \frac{D}{s+2} + \frac{E}{(s+2)^2}$$

을 풀면

$$A = \frac{3}{8},\ B = -\frac{1}{2},\ C = \frac{1}{2},\ D = -\frac{3}{8},\ E = -\frac{1}{4}$$

이다. 따라서

$$\begin{aligned} f(t) = L^{-1}[F(s)] &= \frac{3}{8}L^{-1}\left[\frac{1}{s}\right] - \frac{1}{2}L^{-1}\left[\frac{1}{s^2}\right] + \frac{1}{2}L^{-1}\left[\frac{1}{s^3}\right] \\ &\quad - \frac{3}{8}L^{-1}\left[\frac{1}{s+2}\right] - \frac{1}{4}L^{-1}\left[\frac{1}{(s+2)^2}\right] \end{aligned}$$

$$=\frac{3}{8}-\frac{1}{2}t-\frac{1}{4}t^2-\frac{3}{8}e^{-2t}-\frac{1}{4}te^{-2t}$$

이다. □

다중 복소 허근을 갖는 경우에는 다중 실근을 가질 때 보다 더 복잡하다. 그래서 중복도 2인 경우만 다루도록 한다. 오일러 공식에 의하여 $\cos bt=\frac{e^{ibt}+e^{-ibt}}{2}$ 이므로

$$L[t\cos bt]=\frac{1}{2}L[te^{ibt}]+\frac{1}{2}L[te^{-ibt}]$$

이다. 따라서

$$L[t\cos bt]=\frac{1}{2}\frac{1}{(s-ib)^2}+\frac{1}{2}\frac{1}{(s+ib)^2}$$
$$=\frac{1}{2}\frac{(s+ib)^2+(s-ib)^2}{(s^2+b^2)^2}=\frac{s^2-b^2}{(s^2+b^2)^2}$$

이다. 같은 방법으로

$$L[t\sin bt]=\frac{2bs}{(s^2+b^2)^2}$$

이다. 그 역변환을 보면

$$L^{-1}\left[\frac{s}{(s^2+b^2)^2}\right]=\frac{1}{2b}t\sin bt$$

이다. 한편

$$L[t\cos bt]=\frac{s^2-b^2}{(s^2+b^2)^2}=-\frac{2b^2}{(s^2+b^2)^2}+\frac{1}{s^2+b^2}$$

이므로

$$L^{-1}\left[\frac{-2b^2}{(s^2+b^2)^2}\right]=t\cos bt-\frac{1}{b}\sin bt$$

이다. 그러므로

$$L^{-1}\left[\frac{1}{(s^2+b^2)^2}\right]=\frac{1}{2b^3}\sin bt-\frac{1}{2b^2}t\cos bt$$

이다.

【예제 17】 $F(s)=\dfrac{s^3}{(s^2+9)^2}$일 때, $f(t)=L^{-1}[F(s)]$를 구하여라.

풀이 부분분수

$$\frac{s^3}{(s^2+9)^2}=\frac{As+B}{(s^2+9)^2}+\frac{Cs+D}{s^2+9}=-\frac{9s}{(s^2+9)^2}+\frac{s}{s^2+9}$$

이므로

$$\begin{aligned}f(t)&=L^{-1}\left[\frac{s^3}{(s^2+9)^2}\right]=-9L^{-1}\left[\frac{s}{(s^2+9)^2}\right]+L^{-1}\left[\frac{s}{s^2+9}\right]\\&=-\frac{9}{6}t\sin 3t+\cos 3t=-\frac{3}{2}t\sin 3t+\cos 3t\end{aligned}$$

이다. □

중복 허근을 갖는 경우에는 중복 순 허근의 경우와 이동 정리를 이용한다. 예를 들면,

$$L^{-1}\left[\frac{s-a}{[(s-a)^2+b^2]^2}\right]=\frac{1}{2b}te^{at}\sin bt$$

$$L^{-1}\left[\frac{1}{[(s-a)^2+b^2]^2}\right]=\frac{1}{2b^3}e^{at}\sin bt-\frac{1}{2b^2}te^{at}\cos bt$$

이다.

【예제 18】 $L^{-1}\left[\dfrac{6s+7}{(s^2+6s+25)^2}\right]$

$$=6L^{-1}\left[\frac{s+3}{[(s+3)^2+4^2]^2}\right]-11L^{-1}\left[\frac{1}{[(s+3)^2+4^2]^2}\right]$$

$$=\frac{6}{8}e^{-3t}t\sin 4t-\left[\frac{11}{128}e^{-3t}\sin 4t-\frac{11}{32}e^{-3t}t\cos 4t\right]$$

$$=\frac{3}{4}e^{-3t}t\sin 4t-\frac{11}{128}e^{-3t}\sin 4t+\frac{11}{32}e^{-3t}t\cos 4t]$$

## 연습문제(5.2)

1. 정리 5.6의 증명을 완성하여라.

2. 정리 5.11을 증명하여라.

3. $\frac{d}{dt}(\cos^2 t)=-\sin 2t$를 이용하여 $L[\cos^2 t]$를 구하여라.

4. 다음을 계산하여라.

(1) $L[\int_0^t e^{\tau}d\tau]$　　(2) $L[\int_0^t \cos\tau d\tau]$

(3) $L[\int_0^t e^{-\tau}\cos\tau d\tau]$　　(4) $L[\int_0^t \tau\sin\tau d\tau]$

(5) $L[t^2 * t^4]$　　(6) $L[t^2 * te^t]$

(7) $L[e^{-t} * e^t\cos t]$　　(8) $L[e^{2t} * \sin t]$

5. 다음 역 라플라스 변환을 구하여라.

(1) $L^{-1}\left[\frac{1}{s(s+1)}\right]$　　(2) $L^{-1}\left[\frac{1}{s(s^2+1)}\right]$

(3) $L^{-1}\left[\frac{1}{(s+1)(s+2)}\right]$　　(4) $L^{-1}\left[\frac{1}{(s+1)^2}\right]$

(5) $L^{-1}\left[\frac{s}{(s^2+4)^2}\right]$　　(6) $L^{-1}\left[\frac{1}{(s^2+4s+5)^2}\right]$

6. 합성곱 $f * g$를 구하여라.

(1) $f(t)=t,\ g(t)=1$　　(2) $f(t)=t^2,\ g(t)=\cos t$

(3) $f(t)=\sin t,\ g(t)=\sin t$

(4) $f(t)=e^{at},\ g(t)=e^{bt}\ (a\neq b)$

7. 다음 함수의 라플라스 변환 $L[f(t)]$를 구하여라.

(1) $f(t)=t^2\cos 2t$

(2) $f(t)=e^t\sin 3t$

(3) $f(t)=\dfrac{\sinh t}{t}$

(4) $f(t)=t(e^t+e^{2t})^2$

(5) $f(t)=e^{-t}\sin t$

(6) $f(t)=e^t\cos^2 3t$

(7) $f(t)=t^2\sinh t$

(8) $f(t)=te^t\sin 6t$

8. 다음 역 라플라스 변환을 구하여라.

(1) $L^{-1}\left[\dfrac{1}{(s+2)^3}\right]$

(2) $L^{-1}\left[\dfrac{s}{s^2+4s+5}\right]$

(3) $L^{-1}\left[\dfrac{2s-1}{s^2(s+1)^3}\right]$

(4) $L^{-1}\left[\dfrac{(s+1)^2}{(s+2)^4}\right]$

(5) $L^{-1}\left[\dfrac{s}{(s^2+1)^2}\right]$

(6) $L^{-1}\left[\dfrac{s+1}{(s^2+2s+2)^2}\right]$

(7) $L^{-1}\left[\dfrac{1}{s^2+2s+5}\right]$

(8) $L^{-1}\left[\dfrac{1}{s^2-6s+10}\right]$

## 5.3 특수함수의 라플라스 변환

공학에서는 자주 켜짐(on) 또는 꺼짐(off) 상태가 되는 함수들을 만나게 된다. 이러한 특수한 함수를 단위 계단 함수(unit step function)라 한다(그림 5.3.8).

**〈정의 5.3〉 단위 계단 함수**

임의의 양수 $a$에 대하여 $0 \le t < a$에서 0이고, $t \ge a$에서 1이 되는 함수를 단위 계단 함수라 한다. 즉

$$u_a(t) = \begin{cases} 0 & (0 \le t < a) \\ 1 & (t \ge a) \end{cases}$$

과 같이 정의되는 함수를 의미하며 이 함수를

$$u_a(t) = u(t-a)$$

로 나타내기도 한다(그림 5.3.8).

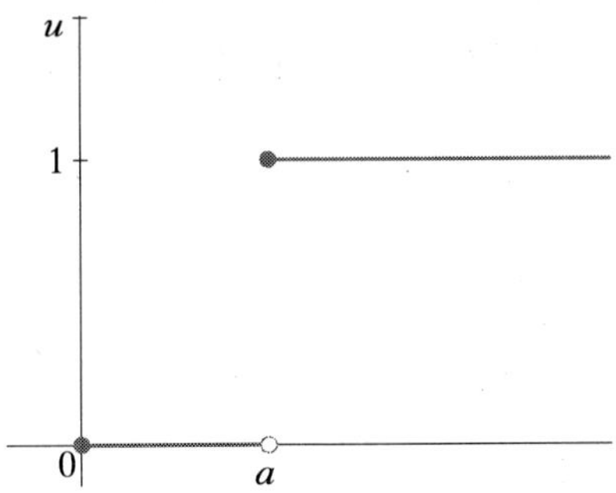


〈그림 5.3.8〉 단위 계단 함수 $U_a(t)$

【예제 1】 $u(t)$와 $u(t-2)$의 그래프를 그려라.

풀이 $u(t)=1,\ t \ge 0$이고 $u(t-2) = \begin{cases} 0 & (0 \le t < 2) \\ 1 & (t \ge 2) \end{cases}$이므로 그래프는 그림 5.3.9와 같다.

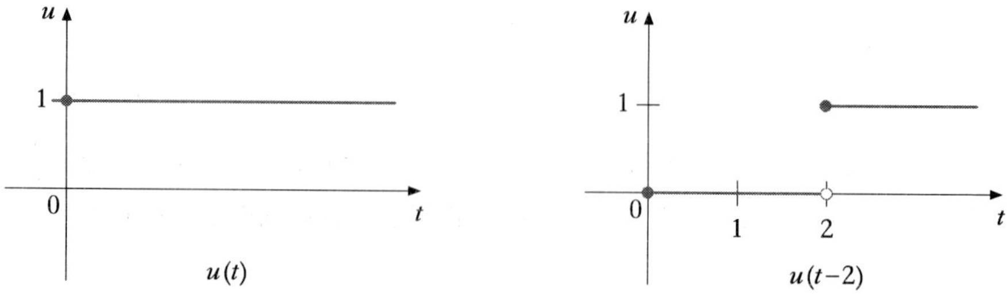


〈그림 5.3.9〉 함수 $u(t)$와 $u(t-2)$의 그래프 □

【예제 2】 단위 계단 함수 $u_a(t)$의 라플라스 변환을 구하여라.

풀이

$$L[u_a(t)] = \int_0^\infty e^{-st}u_a(t)dt$$
$$= \int_0^a e^{-st}(0)dt + \int_a^\infty e^{-st}(1)dt$$
$$= \lim_{b\to\infty}\int_a^b e^{-st}dt = \lim_{b\to\infty}\left[\frac{e^{-st}}{-s}\right]_a^b = \frac{e^{-as}}{s} \quad (s>0)$$
□

【예제 3】 $f(t)=u(t-1)-u(t-3)$의 그래프를 그려라.

풀이 $u(t-1)$은 $t=1$에서 함수값이 변하고 $u(t-3)$은 $t=3$에서 함수값이 변하므로 $f(t)$는 $t=1$과 $t=3$에서 함수값이 변한다. 따라서, $0 \le t < 1$일 때

$$f(t)=u(t-1)-u(t-3)=0-0=0$$

이고, $1 \le t < 3$일 때

$$f(t)=u(t-1)-u(t-3)=1-0=1$$

이다. 또한 $3 \le t$일 때

$$f(t)=u(t-1)-u(t-3)=1-1=0$$

이다. 그러므로 $f(t)=u(t-1)-u(t-3)$의 그래프는 그림 5.3.10과 같다.

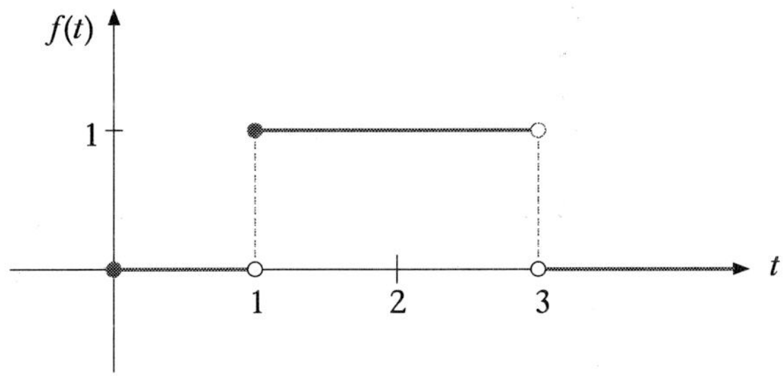

〈그림 5.3.10〉 $f(t)=u(t-1)-u(t-3)$의 그래프 □

단위 계단 함수는 구분적으로 연속인 함수를 정의하는데 유용하게 쓰일 수 있다. $0<a<b$일 때,

$$u(t-a)-u(t-b)=\begin{cases} 0 & (t<a) \\ 1 & (a\le t<b) \\ 0 & (b\le t) \end{cases}$$

이다.

이제 $f(t)$를 $t$의 임의의 함수라 하면

$$f(t)[u(t-a)-u(t-b)]=\begin{cases} 0 & (t<a) \\ f(t) & (a\le t<b) \\ 0 & (b\le t) \end{cases}$$

이다. 따라서 $f(t)$는 $t=a$에서 켜지고(turned on) $t=b$에서 꺼지는(turned off) 함수이다.

【예제 4】 $\sin t\, u(t-2\pi)=\begin{cases} 0 & (0\le t<2\pi) \\ \sin t & (t\ge 2\pi) \end{cases}$

이므로, $t\ge 0$에서 함수 $\sin t$에 단위 계단 함수 $u(t-2\pi)$를 곱하는 것은 원래의 함수 $\sin t$를 $t=2\pi$만큼 $t$축을 오른쪽으로 이동시킨 것과 같다.

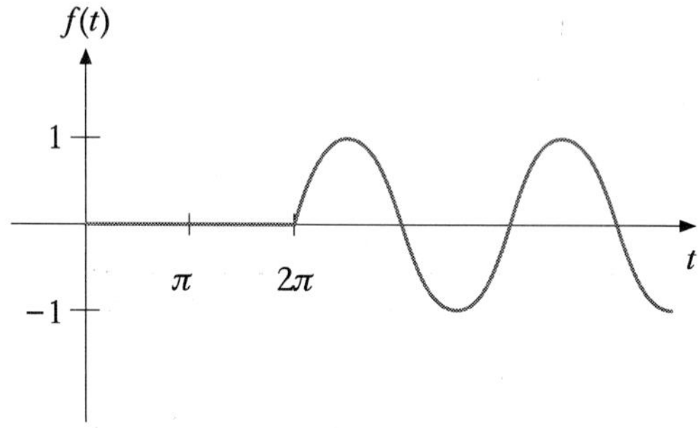


〈그림 5.3.11〉 $f(t)=\sin t\,u(t-2\pi)$의 그래프 □

【예제 5】 $f(t)=\begin{cases} g(t) & (0 \le t < a) \\ h(t) & (t \ge a) \end{cases}$

일 때, $f(t)$를 단위 계단 함수의 식으로 나타내어라.

풀이 $f(t)=\begin{cases} g(t) & (0 \le t < a) \\ h(t) & (t \ge a) \end{cases}$

$=g(t)+\begin{cases} 0 & (0 \le t < a) \\ g(t)+h(t) & (t \ge a) \end{cases}$

$=g(t)-g(t)u(t-a)+h(t)u(t-a)$ □

위의 예제에 의하여

$$f(t)=\begin{cases} 20 & (0 \le t < 5) \\ 0 & (t \ge 5) \end{cases}$$
$$=20t-20tu(t-5)$$

이다.

일반적으로 $a>0$일 때 $y=f(t-a)$의 그래프는 $y=f(t)$, $t \ge 0$의 그래프를 $t$축을 따라 오른쪽으로 $a$만큼 이동한 것(그림 5.3.12)과 같다. 따라서

$$y=f(t-a)u(t-a)$$

의 그래프는 $t \ge a$일 때는 $y=f(t-a)$의 그래프와 일치하고 $0 \le t < a$는 0이다. 즉

$$f(t-a)u(t-a)=\begin{cases}0 & (0 \le t < a)\\ f(t-a) & (t \ge a)\end{cases}$$

이다.

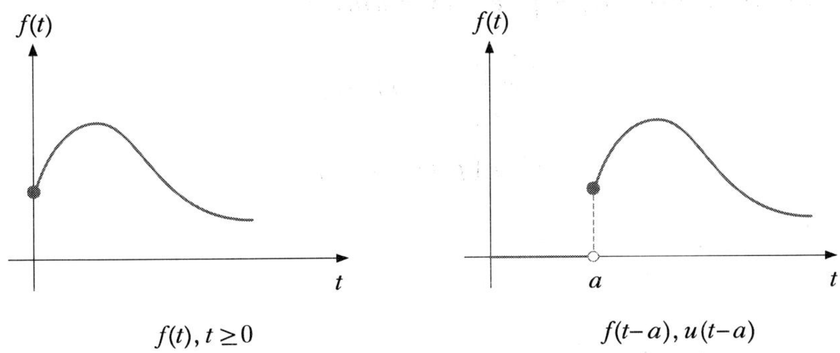


〈그림 5.3.12〉 함수 $f(t)$의 이동

제1 이동정리는 $f(t)$가 라플라스 변환 $F(s)$를 가지면 $e^{at}f(t)$는 변환 $F(s-a)$를 가지는데 이것은 $s$축에서의 변환의 이동을 나타내는 정리이다.

다음 정리는 $F(s)$에 적당한 지수함수를 곱하면 역변환 함수는 $t$축에서 이동한 함수임을 뜻한다.

**정리 5.13 (제2 이동정리)** $F(s)=L[f(t)]$이고 $a>0$이면 다음이 성립한다.

$$L[f(t-a)u(t-a)]=e^{-as}F(s)$$

**증명** $f(t-a)u(t-a)=\begin{cases}0 & (0 \le t < a)\\ f(t-a) & (t \ge a)\end{cases}$ 이므로

$$\begin{aligned}L[f(t-a)u(t-a)] &= \int_0^{\infty} e^{-st}f(t-a)u(t-a)dt\\ &= \int_0^{a} e^{-st}f(t-a)u(t-a)dt\\ &\quad + \int_a^{\infty} e^{-st}f(t-a)u(t-a)dt\end{aligned}$$

$$=\int_a^{\infty} e^{-st}f(t-a)dt$$

이다. 여기서 $v=t-a$, $dv=dt$라 하면

$$L[f(t-a)u(t-a)]=\int_0^{\infty} e^{-st}f(t-a)u(t-a)dt$$

$$=e^{-as}\int_0^{\infty} e^{-sv}f(v)dv$$

$$=e^{-as}L[f(t)]=e^{-as}F(s)$$

이다. ■

【예제 6】 (1) $L[(u(t-2)]=\dfrac{e^{-2s}}{s}$

(2) $L[(t-4)^3u(t-4)]=e^{-4s}L[t^3]=e^{-4s}\dfrac{3!}{s^4}=\dfrac{6e^{-4s}}{s^4}$

(3) $L[\sin(t-3)u(t-3)]=\dfrac{e^{-3s}}{s^2+1}$

【예제 7】 그림 5.3.13으로 표현된 함수 $f(t)$의 라플라스 변환을 구하여라.

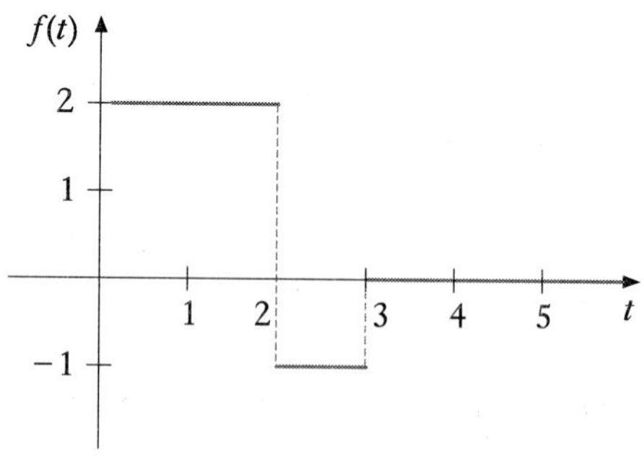


〈그림 5.3.13〉 함수 $f(t)$의 그래프

풀이 계단함수 $f(t)=2-3u(t-2)+u(t-3)$이므로

$$L[f(t)]=L[2]-3L[u(t-2)]+L[u(t-3)]$$

$$= \frac{2}{s} - \frac{3e^{-2s}}{s} + \frac{e^{-3s}}{s}$$

이다. □

제2 이동정리에서는 함수 $f(t-a)$와 계단함수 $u(t-a)$와의 곱의 라플라스 변환을 구하는 것이다. 이제 이동을 하지 않은 일반함수 $g(t)$와 계단함수 $u(t-a)$와의 곱의 변환을 구하면 다음과 같다.

$$L[g(t)u(t-a)] = \int_0^\infty e^{-st} g(t)dt$$
$$= \int_0^\infty e^{-s(u+a)} g(u+a)dt = e^{-as} L[g(t+a)]$$

【예제 8】 $L[\sin t\, u(t-2\pi)] = e^{-2\pi s} L[\sin(t+2\pi)]$
$$= e^{-2\pi s} L[\sin t] = \frac{e^{-2\pi s}}{s^2+1}$$

$f(t) = L^{-1}[F(s)]$이면, $a > 0$일 때 정리 5.13에 의하여

$$L^{-1}[e^{-as}F(s)] = f(t-a)u(t-a)$$

이다.

【예제 9】 다음 함수의 역 라플라스 변환을 구하여라.

(1) $F(s) = \dfrac{e^{-3s}}{s^3}$

(2) $F(s) = \dfrac{e^{-\frac{\pi}{2}s}}{s^2+9}$

(3) $F(s) = \dfrac{e^{-2s}}{(s-2)^2}$

(4) $F(s) = \dfrac{se^{-\pi s}}{s^2+9}$

풀이 (1) $L^{-1}\left[\frac{e^{-3s}}{s^3}\right]=L^{-1}\left[\frac{1}{s^3}\right]u(t-3)=\frac{1}{2}(t-3)^2u(t-3)$

(2) $$L^{-1}\left[\frac{e^{-\frac{\pi}{2}s}}{s^2+9}\right]=\frac{1}{3}L^{-1}\left[\frac{3}{s^2+9}\right]u\left(t-\frac{\pi}{2}\right)$$
$$=\frac{1}{3}\sin 3\left(t-\frac{\pi}{2}\right)u\left(t-\frac{\pi}{2}\right)=\frac{1}{3}\cos 3t\, u\left(t-\frac{\pi}{2}\right)$$

(3) $$L^{-1}\left[\frac{e^{-2s}}{(s-2)^2}\right]=e^{-4}L^{-1}\left[\frac{e^{-2(s-2)}}{(s-2)^2}\right]=e^{-4}e^{2t}L^{-1}\left[\frac{e^{-2s}}{s^2}\right]$$
$$=e^{2t-4}L^{-1}\left[\frac{1}{s^2}\right]_{t\to t-2}u(t-2)=e^{2(t-2)}(t-2)u(t-2)$$

(4) $$L^{-1}\left[\frac{se^{-\pi s}}{s^2+9}\right]=L^{-1}\left[\frac{s}{s^2+9}\right]_{t\to t-\pi}u(t-\pi)=\cos 3(t-\pi)u(t-\pi)$$ □

**〈정의 5.4〉 주기함수**

$[0, \infty)$에서 정의된 함수 $f(t)$가 모든 $t>0$에 대하여

$$f(t+T)=f(t)$$

를 만족할 때 $f(t)$를 주기 $T$인 주기함수(periodic function with period $T$)라 한다.

이제 주기함수에 대한 라플라스 변환을 구하여 보자.

$f(t)$는 $[0, \infty)$에서 구분적으로 연속이고 지수 위수이고 주기 $T$인 주기함수라 하자.

$$L[f(t)]=\int_0^\infty e^{-st}f(t)dt=\int_0^T e^{-st}f(t)dt+\int_T^\infty e^{-st}f(t)dt \tag{5.18}$$

여기서 $t=u+T$라 하자. 그러면 식 (5.18)의 마지막 적분은

$$\int_T^\infty e^{-st}f(t)dt=\int_0^\infty e^{-s(u+T)}f(u+T)du$$
$$=e^{-sT}\int_0^\infty e^{-su}f(u)du=e^{-sT}L[f(t)]$$

이다. 그러므로 식 (5.18)은

$$L[f(t)] = \int_0^T e^{-st} f(t)dt + e^{-sT} L[f(t)]$$

이므로, $L[f(t)]$에 대하여 이 식을 풀면 다음과 같다.

$$L[f(t)] = \frac{1}{1-e^{-sT}} \int_0^T e^{-st} f(t)dt$$

**정리 5.14 (주기함수의 라플라스 변환)** $f(t)$는 $[0, \infty)$에서 구분적으로 연속이고 지수위수이고 주기 $T$인 주기함수이라 하면 다음이 성립한다.

$$L[f(t)] = \frac{1}{1-e^{-sT}} \int_0^T e^{-st} f(t)dt$$

**【예제 5.10】** 그림 5.3.14에 나타난 주기 함수 $f(t)$의 라플라스 변환을 구하여라.

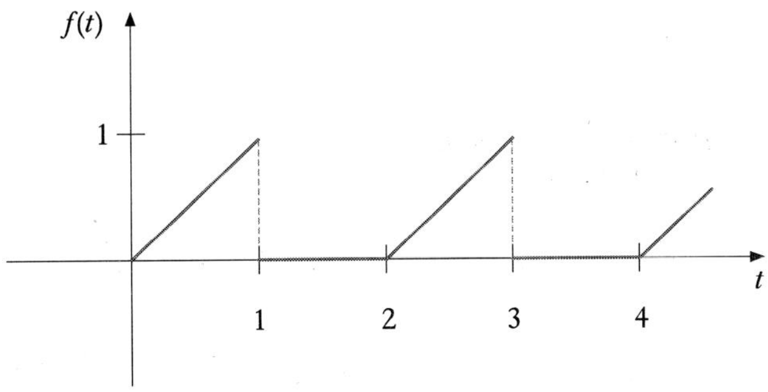


〈그림 5.3.14〉 **주기함수 $f(t)$의 그래프**

풀이 주어진 함수는 주기 2인 다음과 같은 주기함수이다.

$$f(t) = \begin{cases} t & (0 \le t < 1) \\ 0 & (1 \le t < 2) \end{cases}$$

이고 $f(t+2) = f(t)$이다. 따라서

$$\begin{aligned} L[f(t)] &= \frac{1}{1-e^{-2s}}\int_0^2 e^{-st}f(t)dt \\ &= \frac{1}{1-e^{-2s}}\left[\int_0^1 e^{-st}(t)dt + \int_1^2 e^{-st}(0)dt\right] \\ &= \frac{1}{1-e^{-2s}}\left[-\frac{e^{-s}}{s} + \frac{1-e^{-s}}{s^2}\right] \\ &= \frac{1-(s+1)e^{-s}}{s^2(1-e^{-2s})} \end{aligned} \tag{5.19}$$

이다. □

위의 예제는 제2 이동정리를 이용하지 않고도 다음과 같이 라플라스 변환을 구할 수 있다. 함수 $g(t)$를

$$g(t) = \begin{cases} t & (0 \le t < 1) \\ 0 & (t \ge 1) \end{cases}$$

이라 하면, $T=2$일 때 구간 $[0, T]$에서 $f(t)=g(t)$이다. 따라서

$$g(t) = t - tu(t-1) = t-(t-1)u(t-1) - u(t-1)$$

이다. 그러므로 식 (5.19)로부터

$$\begin{aligned} L[f(t)] &= \frac{1}{1-e^{-2s}}L[g(t)] \\ &= \frac{1}{1-e^{-2s}}L[t-(t-1)u(t-1)-u(t-1)] \\ &= \frac{1}{1-e^{-2s}}\left[\frac{1}{s^2} - \frac{1}{s^2}e^{-s} - \frac{1}{s}e^{-s}\right] = \frac{1-(s+1)e^{-s}}{s^2(1-e^{-2s})} \end{aligned}$$

이다.

【예제 11】 $g(t)$는 주기 2인 다음과 같은 함수라 할 때 $L[g(t)]$를 구하여라.

$$g(t) = \begin{cases} t & (0 \le t < 1) \\ 2-t & (1 \le t < 2) \end{cases}$$

풀이 $$L[g(t)] = \frac{1}{1-e^{-2s}} \int_0^2 e^{-st} g(t)\,dt$$
$$= \frac{1}{1-e^{-2s}} \left[ \int_0^1 e^{-st} t\,dt + \int_1^2 e^{-st}(2-t)\,dt \right]$$

이다. 여기서

$$\int_0^1 e^{-st} t\,dt = -\frac{e^{-s}}{s} + \frac{1-e^{-s}}{s^2}$$
$$\int_1^2 e^{-st}(2-t)\,dt = \left(\frac{1}{s} - \frac{1}{s^2}\right)e^{-s} + \frac{e^{-2s}}{s^2}$$

이므로

$$L[g(t)] = \frac{1}{1-e^{-2s}} \frac{1-2e^{-s}+e^{-2s}}{s^2}$$
$$= \frac{1}{s^2} \frac{(1-e^{-s})^2}{1-e^{-2s}} = \frac{1}{s^2} \frac{1-e^{-s}}{1+e^{-s}} = \frac{1}{s^2} \tanh \frac{s}{2}$$

이다. □

## 연습문제(5.3)

1. 다음을 계산하여라.

(1) $L[(t-1)u(t-1)]$ (2) $L[e^{2-t}u(t-2)]$

(3) $L[t\ u(t-2)]$ (4) $L[(3t+1)\ u(t-3)]$

(5) $L[\cos 2t\ \ u(t-\pi)]$ (6) $L\left[\sin t\ u\left(t-\frac{\pi}{2}\right)\right]$

(7) $L[(t-1)^3 e^{t-1} u(t-1)]$ (8) $L[te^{t-5}u(t-5)]$

2. 다음 역 라플라스 변환을 구하여라.

(1) $L^{-1}\left[\frac{e^{-2s}}{s^3}\right]$ (2) $L^{-1}\left[\frac{(1+e^{-2s})^2}{s+2}\right]$

(3) $L^{-1}\left[\dfrac{e^{-\pi s}}{s^2+1}\right]$

(4) $L^{-1}\left[\dfrac{(e^{-2s})^2}{s^2+4}\right]$

(5) $L^{-1}\left[\dfrac{e^{-s}}{s(s+1)}\right]$

(6) $L^{-1}\left[\dfrac{e^{-2s}}{s^2(s-1)}\right]$

(7) $L^{-1}\left[\dfrac{1}{s^2}-e^{-s}\left(\dfrac{1}{s^2}+\dfrac{2}{s}\right)+e^{-4s}\left(\dfrac{4}{s^2}+\dfrac{1}{s}\right)\right]$

(8) $L^{-1}\left[\dfrac{2s}{s^2+4}-e^{-\frac{\pi s}{2}}\dfrac{3s+1}{s^2+9}+e^{-\pi s}\dfrac{s+1}{s^2+6s+10}\right]$

3. 단위 계단 함수를 이용하여 다음 함수의 라플라스 변환을 구하여라.

(1) $f(t)=\begin{cases} 2 & (0 \le t < 3) \\ -2 & (t \ge 3) \end{cases}$

(2) $f(t)=\begin{cases} 1 & (0 \le t < 4) \\ 0 & (4 \le t < 5) \\ 1 & (t \ge 5) \end{cases}$

(3) $f(t)=\begin{cases} \sin t & (0 \le t < 2\pi) \\ 0 & (t \ge 2\pi) \end{cases}$

(4) $f(t)=\begin{cases} t & (0 \le t < 2) \\ 0 & (t \ge 2) \end{cases}$

4. 다음 함수의 그래프를 그려라.

(1) $f(t)=L^{-1}\left[\dfrac{1}{s^2}-\dfrac{e^{-s}}{s^2}\right]$

(2) $f(t)=L^{-1}\left[\dfrac{2}{s}-\dfrac{3e^{-s}}{s^2}+\dfrac{5e^{-2s}}{s^2}\right]$

5. 다음 주기 함수의 라플라스 변환을 구하여라.

(1) $f(t)=\sin t,\ f(t+2\pi)=f(t)$

(2) $f(t)=\cos t,\ f(t+2\pi)=f(t)$

(3)

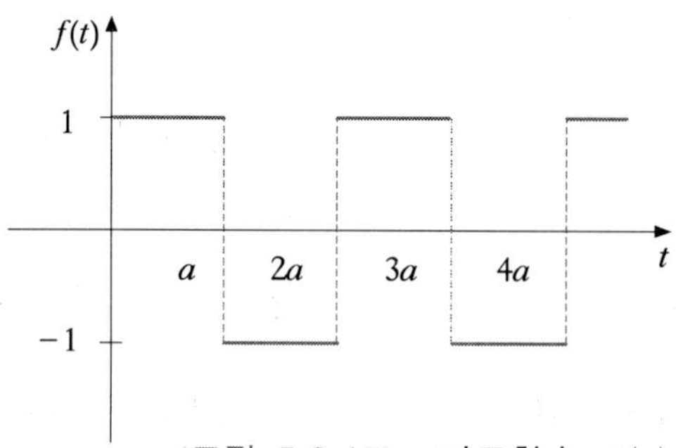


〈그림 5.3.15〉 미로함수 $f(t)$

(4)

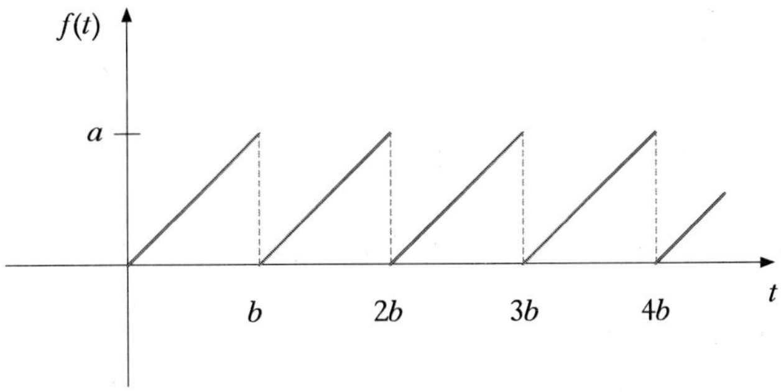


〈그림 5.3.16〉 톱니함수 $f(t)$

(5)

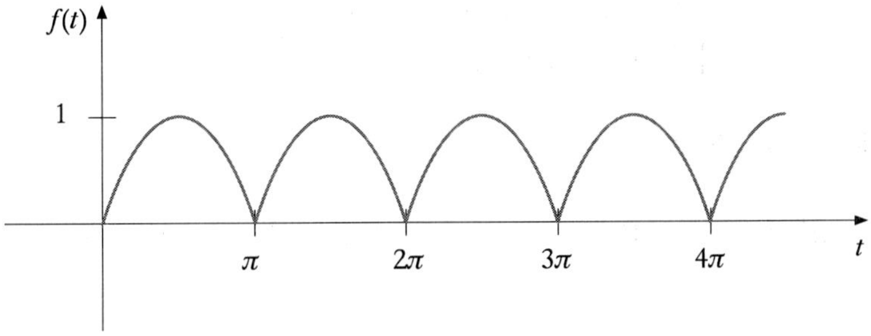


〈그림 5.3.17〉 $f(t) = |\sin t|$

## 5.4 라플라스 변환의 응용

다음과 같은 상수 계수를 갖는 미분방정식

$$ay''(t)+by'(t)+cy(t)=f(t),\ y(0)=y_0,\ y'(0)=y'_0 \tag{5.20}$$

은 라플라스 변환을 이용하면 쉽게 풀 수 있다.

라플라스 변환의 선형적 성질에 의하여 식 (5.20)은

$$L[ay''(t)+by'(t)+cy(t)]=L[f(t)]$$
$$aL[y''(t)]+bL[y'(t)]+cL[y(t)]=L[f(t)] \tag{5.21}$$

이다. 따름정리 5.7로부터 식 (5.21)은

$$a[s^2Y(s)-sy(0)-y'(0)]+b[sY(s)-y(0)]+cY(s)=F(s)$$

이므로

$$(as^2+bs+c)Y(s)=a[sy(0)+y'(0)]+by(0)+F(s) \tag{5.22}$$

가 된다. 여기서 $Y(s)=L[y(t)]$이고 $F(s)=L[f(t)]$이다.

$Y(s)$에 대하여 식 (5.22)를 풀면

$$y(t)=L^{-1}[Y(s)]$$

가 되는 $y(t)$를 구할 수 있다.

【예제 1】 다음 미분방정식의 해를 구하여라.

(1) $y'(t)-3y(t)=e^{2t},\ y(0)=1$

(2) $y''(t)+y(t)=t,\ y(0)=1,\ y'(0)=-2$

풀이 (1) 주어진 미분방정식 양변에 라플라스 변환을 취하면

$$L[y'(t)]-3L[y(t)]=L[e^{2t}] \tag{5.23}$$

이다. 따라서

$$L[y'(t)] = sY(s) - y(0) = sY(s) - 1$$
$$L[e^{2t}] = \frac{1}{s-2}$$

를 식 (5.23)에 대입하면

$$sY(s) - 1 - 3Y(s) = \frac{1}{s-2}$$

이므로

$$Y(s) = \frac{s-1}{(s-2)(s-3)}$$

이다. 부분분수

$$\frac{s-1}{(s-2)(s-3)} = -\frac{1}{s-2} + \frac{2}{s-3}$$

이므로, 구하고자 하는 해는

$$\begin{aligned} y(t) &= L^{-1}[Y(s)] \\ &= -L^{-1}\left[\frac{1}{s-2}\right] + 2L^{-1}\left[\frac{1}{s-3}\right] = -e^{2t} + 2e^{3t} \end{aligned}$$

이다.

(2) 주어진 미분방정식 양변에 라플라스 변환을 취하면

$$L[y''(t)] + L[y(t)] = L[t]$$

이다. 따라서

$$[s^2Y(s) - sy(0) - y'(0)] + Y(s) = \frac{1}{s^2}$$

에서

$$s^2Y(s) - s + 2 + Y(s) = \frac{1}{s^2}$$

이므로

$$Y(s) = \frac{s}{s^2+1} - \frac{2}{s^2+1} + \frac{1}{s^2(s^2+1)}$$

$$= \frac{s}{s^2+1} - \frac{2}{s^2+1} + \left(\frac{1}{s^2} - \frac{1}{s^2+1}\right)$$
$$= \frac{s}{s^2+1} - \frac{3}{s^2+1} + \frac{1}{s^2}$$

이다. 그러므로 구하고자 하는 해는

$$y(t) = L^{-1}[Y(s)]$$
$$= L^{-1}\left[\frac{s}{s^2+1}\right] - 3L^{-1}\left[\frac{1}{s^2+1}\right] + L^{-1}\left[\frac{1}{s^2}\right] = \cos t - 3\sin t + t$$

이다. □

【예제 13】 다음 미분방정식의 해를 구하여라.

$$y''(t) + 4y(t) = 1,\ y(2) = 0,\ y'(2) = 3$$

풀이 $y(0) = A$, $y'(0) = B$로 놓고 주어진 미분방정식 양변에 라플라스 변환을 취하면

$$s^2 Y(s) - sA - B + 4Y(s) = \frac{1}{s}$$

이다. 따라서

$$Y(s) = \frac{1}{s(s^2+4)} + \frac{As+B}{s^2+4}$$
$$= \frac{1}{4}\left(\frac{1}{s} - \frac{s}{s^2+4}\right) + A\frac{s}{s^2+4} + B\frac{1}{s^2+4}$$

이므로

$$y(t) = L^{-1}[Y(s)] = \frac{1}{4} - \frac{1}{4}\cos 2t + A\cos 2t + \frac{B}{2}\sin 2t \tag{5.24}$$

이다. 이제 $A$와 $B$를 구하여 보자.

$$y(2) = \frac{1}{4} - \frac{1}{4}\cos 4 + A\cos 4 + \frac{B}{2}\sin 4 = 0$$
$$y'(2) = \frac{1}{2}\sin 4 - 2A\sin 4 + B\cos 4 = 3$$

이므로

$$A=\frac{1}{4}-\frac{1}{4}\cos 4-\frac{3}{2}\sin 4$$

$$B=3\cos 4-\frac{1}{2}\sin 4$$

이다. 따라서 이 $A$와 $B$를 식 (5.24)에 대입하면 주어진 미분방정식의 해가 된다. □

【예제 14】 다음 초기값 문제를 풀어라.

$$y''(t)-y(t)=f(t),\ y(0)=-1,\ y'(0)=2$$

단, $f(t)=\begin{cases} t & (0\le t<1) \\ 1 & (t\ge 1) \end{cases}$ 이다.

풀이 $f(t)=t-(t-1)u(t-1)$이므로

$$\begin{aligned} L[f(t)] &= L[t]-L[(t-1)u(t-1)]=L[t]-e^{-s}L[t] \\ &= \frac{1}{s^2}-\frac{e^{-s}}{s^2} \end{aligned}$$

이다. 따라서 주어진 미분방정식 양변에 라플라스 변환을 취하면

$$[s^2Y(s)-sy(e)-y'(0)]-Y(s)=L[f(t)]=\frac{1}{s^2}-\frac{e^{-s}}{s^2}$$

이므로

$$Y(s)=\frac{1}{s^2(s^2-1)}-\frac{e^{-s}}{s^2(s^2-1)}+\frac{2}{s^2-1}-\frac{s}{s^2-1}$$

이다. 그러므로

$$\begin{aligned} y(t) &= L^{-1}[Y(s)] \\ &= L^{-1}\left[\frac{1}{s^2(s^2-1)}\right]-L^{-1}\left[\frac{e^{-s}}{s^2(s^2-1)}\right]+2L^{-1}\left[\frac{1}{s^2-1}\right] \end{aligned}$$

$$-L^{-1}\left[\frac{s}{s^2-1}\right]$$
$$=\sinh t - t - u(t-1)[\sinh(t-1)-(t-1)]+2\sinh t-\cosh t$$

이다. □

【예제 15】 다음 초기값 문제를 풀어라.

$$y''(t)+y(t)=f(t),\ y(0)=2,\ y'(0)=-1$$

단, $f(t)=\begin{cases}1 & \left(0\le t<\dfrac{\pi}{2}\right)\\ -1 & \left(t\ge\dfrac{\pi}{2}\right)\end{cases}$ 이다.

풀이 $f(t)=1-2u\left(t-\dfrac{\pi}{2}\right)$이므로

$$L[f(t)]=\frac{1-2e^{-\frac{\pi}{2}s}}{s}$$

이다. 따라서 주어진 미분방정식 양변에 라플라스 변환을 취하면

$$[s^2Y(s)-sy(0)-y'(0)]+Y(s)=\frac{1-2e^{-\frac{\pi}{2}s}}{s}$$

이다.

$$G(s)=\frac{1}{s(s^2+1)}$$

이라 하면

$$Y(s)=(1-2e^{-\frac{\pi}{2}s})G(s)+\frac{2s-1}{s^2+1} \tag{5.25}$$

이다. 한편

$$G(s)=\frac{1}{s}-\frac{s}{s^2+1}$$

이므로

$$g(t)=L^{-1}[G(s)]=1-\cos t \tag{5.26}$$

이다. 식 (5.25)과 (5.26) 그리고 제2 이동정리로부터

$$y=1-\cos t-2u\left(t-\frac{\pi}{2}\right)\left[1-\cos\left(t-\frac{\pi}{2}\right)\right]+2\cos t-\sin t \tag{5.27}$$

가 된다. $\cos\left(t-\frac{\pi}{2}\right)=\sin t$이므로 식 (5.27)을 간단히 하면

$$y=1+\cos t-\sin t-2u\left(t-\frac{\pi}{2}\right)(1-\sin t)$$

또는

$$y=\begin{cases} 1+\cos t-\sin t & \left(0\le t<\frac{\pi}{2}\right) \\ -1+\cos t+\sin t & \left(t\ge\frac{\pi}{2}\right) \end{cases}$$

이다. □

【예제 16】 다음 초기값 문제를 풀어라.

$$y''(t)-6y'(t)+9y(t)=t^2e^{3t},\ y(0)=2,\ y'(0)=-6$$

풀이

$$L[y''(t)]-6L[y'(t)+9L[y(t)]=L[t^2e^{3t}]$$

이므로

$$[s^2Y(s)-sy(0)-y'(0)]-6[sY(s)-y(0)]+9Y(s)=\frac{2}{(s-3)^3}$$

이다. 따라서

$$(s^2-6s+9)Y(s)=2s-6+\frac{2}{(s-3)^3}$$

이므로

$$Y(s)=\frac{2}{s-3}+\frac{2}{(s-3)^5}$$

이다. 그러므로 구하고자 하는 해는

$$y(t)=2L^{-1}\left[\frac{1}{s-3}\right]+\frac{2}{4!}L^{-1}\left[\frac{4!}{(s-3)^5}\right]=2e^{3t}+\frac{1}{12}t^4e^{3t}$$

이다. □

【예제 17】 다음 미분방정식을 풀어라.

$$x''(t)+16x(t)=f(t),\ x(0)=0,\ x'(0)=1$$

단, $f(t)=\begin{cases}\cos 4t & (0\le t<\pi)\\ 0 & (t\ge\pi)\end{cases}$ 이다.

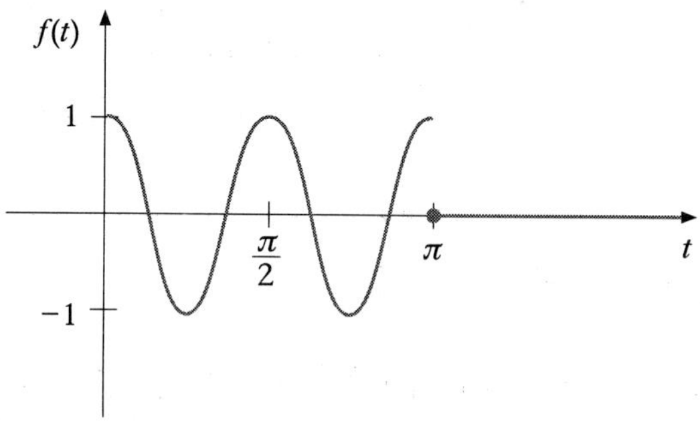


〈그림 5.4.18〉 함수 $f(t)$의 그래프

풀이 $f(t)$를 단위 계단 함수로 나타내면

$$\begin{aligned}f(t)&=\cos 4t-\cos 4t\ u(t-\pi)\\&=\cos 4t-\cos 4(t-\pi)u(t-\pi)\end{aligned}$$

가 되므로

$$L[x''(t)]+16L[x(t)]=L[f(t)]$$

에 의하여

$$s^2X(s)-sx(0)-x'(0)+16X(s)=\frac{s}{s^2+16}-\frac{se^{-\pi s}}{s^2+16}$$

이다. 위의 식을 간단히 하면

$$(s^2+16)X(s)=1+\frac{s}{s^2+16}-\frac{se^{-\pi s}}{s^2+16}$$

이다. 따라서

$$X(s)=\frac{1}{s^2+16}+\frac{s}{(s^2+16)^2}-\frac{se^{-\pi s}}{(s^2+16)^2}$$

이므로, 구하고자 하는 해는

$$\begin{aligned} x(t) &= \frac{1}{4}L^{-1}\left[\frac{4}{s^2+16}\right]+\frac{1}{8}L^{-1}\left[\frac{8s}{(s^2+16)^2}\right]-\frac{1}{8}L^{-1}\left[\frac{8se^{-\pi s}}{(s^2+16)^2}\right] \\ &= \frac{1}{4}\sin 4t+\frac{1}{8}t\sin 4t-\frac{1}{8}(t-\pi)\sin 4(t-\pi)u(t-\pi) \\ &= \begin{cases} \frac{1}{4}\sin 4t+\frac{1}{8}t\sin 4t & (0\le t<\pi) \\ \frac{2+\pi}{8}\sin 4t & (t\ge\pi) \end{cases} \end{aligned}$$

이 된다.

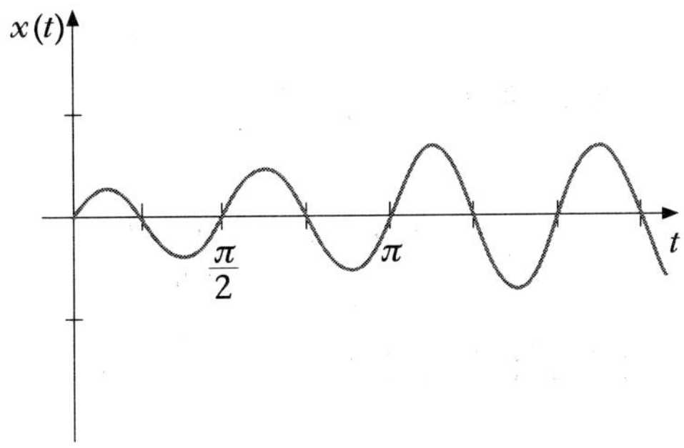


〈그림 5.4.19〉 함수 $x(t)$의 그래프 □

【예제 18】 다음 초기값문제를 풀어라.

$$y''(t)-2y'(t)+y(t)=f(t),\ y(0)=A,\ y'(0)=B$$

풀이 주어진 미분방정식의 양변에 라플라스 변환을 취하면

$$(s^2-2s+1)Y(s)=F(s)+(As+B)-2A$$

이므로

$$\begin{aligned} Y(s) &= \frac{1}{(s-1)^2}F(s)+\frac{As+B-2A}{(s-1)^2} \\ &= \frac{1}{(s-1)^2}F(s)+\frac{A}{s-1}+\frac{B-A}{(s-1)^2} \end{aligned}$$

이다. 표 5.1에 의하여

$$L^{-1}\left[\frac{A}{s-1}+\frac{B-A}{(s-1)^2}\right]=e^t[A+(B-A)t]$$

이고

$$L^{-1}\left[\frac{1}{(s-1)^2}F(s)\right]=\int_0^t \tau e^{\tau} f(t-\tau)d\tau$$

에 의하여 주어진 미분방정식의 해는

$$y(t)=e^t[A+(B-A)t]+\int_0^t \tau e^{\tau} f(t-\tau)d\tau$$

이다. □

**【예제 19】** 다음 방정식에서 $f(t)$를 구하여라.

$$f(t)=3t^2-e^{-t}-\int_0^t f(\tau)e^{t-\tau}d\tau$$

풀이 합성곱 정리 5.10에 의하여

$$L[f(t)]=3L[t^2]-L[e^{-t}]-L[f(t)]L[e^t]$$

이므로

$$F(s)=\frac{6}{s^3}-\frac{1}{s+1}-F(s)\frac{1}{s-1}$$

이다. 따라서

$$F(s)=\frac{6(s-1)}{s^4}-\frac{s-1}{s(s+1)}=\frac{6}{s^3}-\frac{6}{s^4}+\frac{1}{s}-\frac{2}{s+1}$$

이므로 역 라플라스 변환에 의하여

$$f(t)=L^{-1}[F(s)]=3t^2-t^3+1-2e^{-t}$$

이다. □

## 연습문제(5.4)

1. 다음을 계산하여라.
   (1) $y''(t)-6y'(t)+5y(t)=3e^{2t},\ y(0)=2,\ y'(0)=3$
   (2) $2y''(t)+3y'(t)+y(t)=8e^{-2t},\ y(0)=-4,\ y'(0)=2$
   (3) $y''(t)+2y'(t)+2y(t)=1,\ y(0)=-3,\ y'(0)=1$
   (4) $y''(t)-6y'(t)+9y(t)=t,\ y(0)=0,\ y'(0)=1$
   (5) $y'(t)+y(t)=e^{-t},\ y(0)=5$
   (6) $y''(t)-2y'(t)-3y(t)=6e^{t},\ y(0)=1,\ y'(0)=3$
   (7) $y''(t)+y(t)=\sin t,\ y(0)=1,\ y'(0)=-1$
   (8) $y''(t)-y'(t)=e^{t}\cos t,\ y(0)=0,\ y'(0)=0$
   (9) $y''(t)-2y'(t)=e^{t}\sinh t,\ y(0)=0,\ y'(0)=0$
   (10) $y'''(t)+2y''(t)-y'(t)-2y(t)=\sin 3t,\ y(0)=0,\ y'(0)=0,\ y''(0)=1$

2. 다음 미분방정식을 풀어라.
   (1) $y'(t)+y(t)=f(t),\ y(0)=0$

   단, $f(t)=\begin{cases}0 & (0\le t<1)\\ 5 & (t\ge 1)\end{cases}$ 이다.

(2) $y''(t)+4y(t)=f(t),\ y(0)=0,\ y'(0)=-1$

단, $f(t)=\begin{cases}1 & (0\le t<1)\\ 0 & (t\ge 1)\end{cases}$ 이다.

3. 다음 미분방정식을 풀어라.

(1) $y''(t)+4y(t)=\sin t\, u(t-2\pi),\ y(0)=1,\ y'(0)=0$

(2) $y''(t)-5y'(t)+6y(t)=u(t-1),\ y(0)=0,\ y'(0)=1$

4. 다음 방정식에서 $f(t)$를 구하여라.

(1) $f(t)+\int_0^t (t-\tau)f(\tau)d\tau=t$

(2) $f(t)=te^t+\int_0^t \tau f(t-\tau)d\tau$

(3) $f(t)=\cos t+\int_0^t e^{-\tau}f(t-\tau)d\tau$

(4) $f'(t)=1-\sin t-\int_0^t f(\tau)d\tau,\ f(0)=0$

5. 다음 초기값문제를 풀어라.

(1) $y''(t)+2y'(t)+y(t)=f(t),\ y(0)=0,\ y'(0)=0$

단, $f(t)=u(t-1)-2u(t-2)+u(t-3)$이다.

(2) $y''(t)+y(t)=f(t),\ y(0)=0,\ y'(0)=0$

단, $f(t)=\begin{cases}0 & \left(0\le t<\frac{\pi}{4}\right)\\ \cos 2t & \left(\frac{\pi}{4}\le t<\pi\right)\\ 0 & (t\ge \pi)\end{cases}$ 이다.

# ▮참고문헌▮

1. 김용태외 3인, 미분방정식원론, 교우사, 2003.
2. 김창근외 6인, 공업수학, 교우사, 1996.
3. 안인경, 최정환, 미분방정식과 응용, 경문사, 2002.
4. 이구대, 박동근, 미분방정식, 교우사, 2003.
5. Edwards, Jr. C. E., Penney, David E., Elementary Differential Equations With Applications(3rd), Prentice-Hall, 1994.
6. Kells, Elementary Differential Equations(6th), McGraw-Hill, 1966.
7. Trench, William F., Elementary Differential Equations, Brooks/Cole, 2000.
8. Zill, Dennis G., A First Course in Differential Equations(the Classic Fifth Ed.), Brooks/Cole, 2001.
9. Zill, Dennis G., A First Course in Differential Equations with Modeling Applications(7th Ed.), Brooks/Cole, 2001.

# 부 록

## ▮라플라스 변환표▮

| $f(t)$ | $F(s)=L[f(t)]$ |
|---|---|
| 1. $1$ | $\dfrac{1}{s}$ |
| 2. $t$ | $\dfrac{1}{s^2}$ |
| 3. $t^n$ | $\dfrac{n!}{s^{n+1}}$, $n$은 양의 정수 |
| 4. $t^{-1/2}$ | $\sqrt{\dfrac{\pi}{s}}$ |
| 5. $t^{1/2}$ | $\dfrac{\sqrt{\pi}}{2s^{3/2}}$ |
| 6. $t^{\alpha}$ | $\dfrac{\Gamma(\alpha+1)}{s^{\alpha+1}}$, $\alpha > -1$ |
| 7. $\sin kt$ | $\dfrac{k}{s^2+k^2}$ |
| 8. $\cos kt$ | $\dfrac{s}{s^2+k^2}$ |
| 9. $\sin^2 kt$ | $\dfrac{2k^2}{s(s^2+4k^2)}$ |
| 10. $\cos^2 kt$ | $\dfrac{s^2+2k^2}{s(s^2+4k^2)}$ |

| $f(t)$ | $F(s)=L[f(t)]$ |
|---|---|
| 11. $e^{at}$ | $\dfrac{1}{s-a}$ |
| 12. $\sinh kt$ | $\dfrac{k}{s^2-k^2}$ |
| 13. $\cosh kt$ | $\dfrac{s}{s^2-k^2}$ |
| 14. $\sinh^2 kt$ | $\dfrac{2k^2}{s(s^2-4k^2)}$ |
| 15. $\cosh^2 kt$ | $\dfrac{s^2-2k^2}{s(s^2-4k^2)}$ |
| 16. $te^{at}$ | $\dfrac{1}{(s-a)^2}$ |
| 17. $t^n e^{at}$ | $\dfrac{n!}{(s-a)^{n+1}}$, $n$은 양의 정수 |
| 18. $e^{at}\sin kt$ | $\dfrac{k}{(s-a)^2+k^2}$ |
| 19. $e^{at}\cos kt$ | $\dfrac{s-a}{(s-a)^2+k^2}$ |
| 20. $e^{at}\sinh kt$ | $\dfrac{k}{(s-a)^2-k^2}$ |
| 21. $e^{at}\cosh kt$ | $\dfrac{s-a}{(s-a)^2-k^2}$ |
| 22. $t\sin kt$ | $\dfrac{2ks}{(s^2+k^2)^2}$ |
| 23. $t\cos kt$ | $\dfrac{s^2-k^2}{(s^2+k^2)^2}$ |
| 24. $\sin kt+kt\cos kt$ | $\dfrac{2ks^2}{(s^2+k^2)^2}$ |
| 25. $\sin kt-kt\cos kt$ | $\dfrac{2ks^3}{(s^2+k^2)^2}$ |
| 26. $t\sinh kt$ | $\dfrac{2ks}{(s^2-k^2)^2}$ |
| 27. $t\cosh kt$ | $\dfrac{s^2+k^2}{(s^2-k^2)^2}$ |

| $f(t)$ | $F(s)=L[f(t)]$ |
|---|---|
| 28. $\dfrac{e^{at}-e^{bt}}{a-b}$ | $\dfrac{1}{(s-a)(s-b)}$ |
| 29. $\dfrac{ae^{at}-be^{bt}}{a-b}$ | $\dfrac{s}{(s-a)(s-b)}$ |
| 30. $1-\cos kt$ | $\dfrac{k^2}{s(s^2+k^2)}$ |
| 31. $kt-\sin kt$ | $\dfrac{k^3}{s^2(s^2+k^2)}$ |
| 32. $\dfrac{a\sin bt-b\sin at}{ab(a^2-b^2)}$ | $\dfrac{1}{(s^2+a^2)(s^2+b^2)}$ |
| 33. $\dfrac{\cos bt-\cos at}{a^2-b^2}$ | $\dfrac{s}{(s^2+a^2)(s^2+b^2)}$ |
| 34. $\sin kt\sinh kt$ | $\dfrac{2k^2s}{s^4+4k^4}$ |
| 35. $\sin kt\cosh kt$ | $\dfrac{k(s^2+2k^2)}{s^4+4k^4}$ |
| 36. $\cos kt\sinh kt$ | $\dfrac{k(s^2-2k^2)}{s^4+4k^4}$ |
| 37. $\cos kt\cosh kt$ | $\dfrac{s^3}{s^4+4k^4}$ |
| 38. $\dfrac{e^{bt}-e^{at}}{t}$ | $\ln\dfrac{s-a}{s-b}$ |
| 39. $\dfrac{2(1-\cos kt)}{t}$ | $\ln\dfrac{s^2+k^2}{s^2}$ |
| 40. $\dfrac{2(1-\cosh kt)}{t}$ | $\ln\dfrac{s^2-k^2}{s^2}$ |
| 41. $\dfrac{\sin at}{t}$ | $\tan^{-1}\left(\dfrac{a}{s}\right)$ |
| 42. $\dfrac{\sin at\cos bt}{t}$ | $\dfrac{1}{2}\tan^{-1}\dfrac{a+b}{s}+\dfrac{1}{2}\tan^{-1}\dfrac{a-b}{s}$ |
| 43. $\dfrac{1}{\sqrt{\pi t}}e^{-a^2/4t}$ | $\dfrac{e^{-a\sqrt{s}}}{\sqrt{s}}$ |
| 44. $\dfrac{a}{2\sqrt{\pi t^3}}e^{-a^{2/4t}}$ | $e^{-a\sqrt{s}}$ |

| $f(t)$ | $F(s)=L[f(t)]$ |
|---|---|
| 45. $e^{at}f(t)$ | $F(s-a)$ |
| 46. $f(t-a)u(t-a)$ | $\frac{e^{-as}}{s}$ |
| 47. $u(t-a)$ | $e^{-as}F(s)$ |
| 48. $f^{(n)}(t)$ | $s^nF(s)-s^{(n-1)}f(0)\cdots-f^{(n-1)}(0)$ |
| 49. $t^nf(t)$ | $(-1)^n\frac{d^n}{ds^n}F(s)$ |
| 50. $\int_0^t f(\tau)g(t-\tau)d\tau$ | $F(s)G(s)$ |

# 찾아보기

노정학

서울대학교 사범대학 수학교육과 졸업
고려대학교 대학원 수학과 졸업(이학석사)
경희대학교 대학원 수학과 졸업(이학박사)
한신대학교 중앙도서관장, 자연과학대학장 역임
SUNY, College at New Paltz Visiting Professor
현재 : 한신대학교 정보과학대학 수학과 교수

양춘우

고려대학교 이과대학 수학과 졸업(이학사)
고려대학교 대학원 수학과 졸업(이학석사)
University of Arizona 대학원 수학과 졸업(Ph. D.)
한신대학교 사무처장 역임
현재 : 한신대학교 정보과학대학 수학과 부교수

**미분방정식 입문** (개정판)

2006년 8월 21일 초판 인쇄
2023년 6월 15일 개정판 4쇄 발행

저　자 / 노정학 · 양춘우
발행자 / 오판근
발행처 / 교우사

주　소 / 서울 동대문구 제기2동 148-19 교우빌딩 2층
전　화 / 02-925-2861. 편집부 / 02-925-2825
팩　스 / 925-2860
E-mail / kw2861 @ chollian. net
http: // www. kyowoo. co. kr
등록 / 1994. 3. 24 제6-0256호

ISBN 978-89-8172-631-7 (93410)

값 **20,000**원